河流水生态建设和功能修复技术与应用

唐玉兰 杨辉 刘强 等著

U0389742

化学工业出版社

·北京·

内容简介

本书围绕河流水生态建设和功能修复技术与应用，首先阐述了河流水生态问题的严重性以及水生态建设与调控的必要性，介绍了河流水文特征变化、河流生态需水量以及河流水量、水质调控模型国内外研究现状。然后针对辽宁省浑河流域沈抚段区域生态需水问题，在河流水文情势及环境流指标分析的基础上，开展生态环境需水量研究，最终提出了生态需水量测算技术、河流水质影响因素模拟技术、水质水量调控需水量技术、基于生态需水保障的水质水量调控技术，并进行应用，为水资源合理配置及河流生态调度提供依据。

本书可为河流水生态建设和功能修复提供技术支持，对于实现水资源的高效利用和保护生态环境具有一定的参考价值，有助于科学评估河流水质的变化，提高水环境保护和治理水平，具有较高的实践应用价值，可供从事河流水生态研究和生态环境保护的技术人员参考。

图书在版编目（CIP）数据

河流水生态建设和功能修复技术与应用 / 唐玉兰等著. — 北京 : 化学工业出版社，2023.11

ISBN 978-7-122-44090-7

Ⅰ. ①河… Ⅱ. ①唐… Ⅲ. ①河流－水环境－生态恢复－研究 Ⅳ. ①X522.06

中国国家版本馆 CIP 数据核字（2023）第 163309 号

责任编辑：傅聪智　　　　　　　　文字编辑：刘　莎　师明远
责任校对：王　静　　　　　　　　装帧设计：王晓宇

出版发行：化学工业出版社（北京市东城区青年湖南街 13 号　邮政编码 100011）
印　　装：北京建宏印刷有限公司
710mm×1000mm　1/16　印张 13¾　字数 244 千字　2024 年 2 月北京第 1 版第 1 次印刷

购书咨询：010-64518888　　　　　售后服务：010-64518899
网　　址：http://www.cip.com.cn
凡购买本书，如有缺损质量问题，本社销售中心负责调换。

定　　价：98.00 元

　　河流是人类生存和发展的重要基础资源之一，是自然界最为珍贵的财富之一。但随着全球城市化进程的不断加深加快，人类活动的不断扩张和加剧，河流生态环境遭受了严重破坏和威胁，河流污染、河道堵塞、河床淤积、生态系统退化等问题日益突出。而河流流域水质和水量是影响流域水生态环境的两个关键问题，只有解决了流域水质问题并保证流域生态需水量，才能从根本上解决河流的健康问题，提升流域生态系统的质量和稳定性。

　　水利工程的建设和运行带动巨大社会经济功能的同时，也改变了天然流量的频率及延时、天然洪峰出现时间及平均历时等河道的水文情势，对生态系统造成不同程度的负面影响，因此，为缓解水库及库群建设运行的负面生态效应、维持河流生态健康，须进行生态调控。本书以河流生态系统健康为目的，从流域水质和水量两个层面，从河流水文情势和环境流角度分析了河流水文特征的变化，在生态需水量变化规律研究的基础上，提出基于生态需水保障的水质水量调控方案，为水资源开发利用由原始水利阶段、工程水利阶段、资源水利阶段向生态水利阶段过渡提供支撑。

　　本书倾注了多人的心血，包括唐玉兰、杨辉、刘强、马兴冠、黄殿男、傅金祥、张萧汉、何亚婷、周东锐、禹雪迪、马甜甜、王雅峰、盛晓丹、徐慧文、刘水、潘国宇等。本书第1章由杨辉、唐玉兰、傅金祥撰写，第2章由唐玉兰、刘强、杨辉、禹雪迪撰写，第3章由马兴冠、张萧汉撰写；第4章由杨辉、周东锐撰写；第5章由唐玉兰、黄殿男、何亚婷撰写；第6章由刘强、张萧汉、王雅峰撰写；

第7章由唐玉兰、马甜甜、周东锐、盛晓丹撰写；第8章由唐玉兰、徐慧雯、刘水、潘国宇撰写。同时衷心感谢王严力老师为本书提供了封面图片。

　　本书的编写过程中，充分借鉴了国内外同类著作和文献资料，同时也结合了作者们在河流水生态建设和功能修复方面的研究和实践经验。本书力求系统性、实用性、前瞻性，适合从事河流水生态建设和功能修复工作的专业人士、科研人员、环境保护技术人员和管理人员参考。由于作者水平有限，书中的缺点和不足之处在所难免，在此恳请广大读者批评指正，并提出宝贵意见，便于我们继续完善。

编者

2023年8月

目录
CONTENT

1

概述

1.1 河流水生态问题

水是自然界中一切生命现象的基本构成要素，是生命的物质基础，是维系人类与自然和谐共存的纽带，是人类赖以生存和发展的宝贵自然资源，是影响人类社会发展的重要因素。

河流是人类可利用淡水的主要存在形式。在工业革命之前，河流中水资源被人为开发利用得比较少，大部分河道、河流维持着天然状态，水量能符合水生生物的需求，河道的基本生态功能也能受到保护。20世纪后期，人口开始快速增长，对河流的开发利用强度日益增强，人类活动的日益活跃导致局部性、区域性乃至全球范围内的生态与环境问题，尤其以河流天然状态的不断被破坏和水质污染最为严重，河流的健康状态面临急剧恶化局面。人类从水量和水质等方面同时影响，不断挤占和掠夺水生态系统资源，主要表现在修坝拦水发电、工农业供水、灌溉用水、城市生活用水等，生产、生活与生态用水之间的矛盾也日益加剧，导致生态用水稀缺以及局部生态系统的不平衡，人类的用水安全得不到保障。大型水库、灌区、引水工程和闸坝等水利工程的修建，打破了天然河流的连续性和自然属性，改变了河流下游的物质场、生物场，虽然能满足人类的饮用水需求，但河流自身维持基本生态需求的水量减少，河流生态需水量得不到保证，使得河道生境系统的结构、功能和水量、水质、水温、含沙量等水文特性发生变化，河床演变导致河流中及周边动植物的栖息环境变差，造成水质逐渐恶化、水平衡遭到破坏，生物的生活习性被打扰，环境的变化有可能使有些生物面临危机，从而使生物群的稳定性被打破。

由于河流生态问题的凸显，维持河道内最基本水量以尽可能满足天然状态的需要成为许多科研与管理方面的热门研究。为了改善河流现存生态问题，维持河流生态系统的完好，保护特定水生物繁衍不受影响，人类在开发利用河流水资源的同时，必须保证河流中有足够的水量来维持河流自身的生态平衡和保障水生物繁衍生存的基本条件，这个水量就是河流生态需水量。

河流生态需水量这一概念是人们对河道水资源不断开发与使用所提到的。河流生态系统中有的过程是可恢复或者更新的，但也有些资源（例如有些物种）一旦消失便不可能恢复。为了维持河流系统健康，确保生物的多样性和河流系统水资源可持续利用，必须考虑生态环境用水的需求。生态需水研究是以能够对水资源进行合理化的分配、保障水资源持续性使用为前提，既能保证水资源适当使用和保护，又能展现最大效益的新式水资源管制模型。为了合理处理水和生态环境之间的冲突，学者们对生态需水理论与计算方法进行了很多相关研究，为河道水资源优化分配及生态系统保护或修复提供了宝贵经验。总之，人类用水与水资源短缺之间这一由来已久的生态问题已成为目前生态学和水科学研究的热点。

1.2　河流水生态建设与调控

随着全球城市化进程的不断加深加快，各行业迅猛发展，水资源作为一种可再生资源的利用量空前增加。自 20 世纪中叶起，水资源的利用与研究就得到了充分的重视和发展，但当时经济水平还不高，技术也相对落后，人们的视野有一定局限，导致水资源利用不合理、资源浪费现象严重、水污染和水环境恶化加剧，由此带来的问题一直到今天都还存在。大自然历经千百年的演化与融合才形成了一个相对平衡的生态系统。水利工程的建设运行改变了河道天然流量的水文情势、水质、水生态情况，带动了巨大社会经济功能的同时，也改变了天然流量的频率及延时、天然洪峰出现时间及平均历时，对生态系统造成不同程度的负面影响，因此，生态调控应运而生。生态调控的提出是针对因水库与库群调控运行造成的一系列生态环境问题，目的是缓解水库及库群建设运行的负面生态效应、维持河流生态健康。故水资源开发利用由原始水利阶段、工程水利阶段、资源水利阶段逐步向生态水利阶段过渡。生态调控的产生让国内外学者对调度有了全新的认识，同时也对此做了深入的探索研究。

20 世纪 40 年代，美国首次出现生态环境需水的概念，即在水资源分配时优先考虑生态功能。20 世纪 70 年代中期，由于政府过于强调水的经济效益，大量修建闸坝，而忽视河流的生态功能，致使西方国家发起了一场反对建设大坝的运动。20 世纪 70 年代末南非潘勾拉水库将幼鱼洄游季节性需水等生态因素纳入调度过程中，通过增加下泄水量，帮助幼鱼通过大坝，采用增加水库下泄流量的方式来模拟自然界高流量脉冲过程，从而加快幼鱼迁徙的速度。20 世纪 80 年代，哥伦比亚流域水工程的一个主要项目——大古力坝，将调度的重点放在保护鱼类的项目上，为溯河鱼类产卵提供良好的水栖环境，这对哥伦比亚流域之后的鱼类种群的恢复起到了至关重要的作用。20 世纪 90 年代日本在一次河川审议会审议通过的《河川法》，规定河流保护及环境整治为流域管理的日常工作内容，后来，又重新修改了《河川法》，将"保养、保全河川环境"纳入了新《河川法》。21 世纪，墨尔本大学的河流水文联合研究中心，对汤姆森河河流脉冲及河道最小生态流量的优化调控进行了研究。

随着社会经济的快速发展，人们对生态环境的保护意识逐渐增强，生态调控受到多方面的关注，我国水利工作者对此进行了积极的探索，并取得了一定的成绩。

20世纪70年代末，河流最小流量问题成为国内学者主要研究方向，特别是对河流最小流量计算方法的研究。20世纪80年代，方子云首次提出生态调度模式，他指出大型水库的建立对生态环境有积极的一面也有消极的一面，可以通过改变水库调控方式来改善水库建设运行对生态环境的消极影响。傅春等对生态水利的概念给出了新的解释，他们认为生态水利是在尊重和维护生态环境的基础上，开发水利从而发展社会经济，使其能够可持续地为人类发展服务。张洪波等认为生态调控是在满足人类基本需求的同时，将生态目标纳入水库功能目标之一，最大程度减小水库建设运行对下游生态系统带来的不利影响。陈敏对2011年以来长江流域连续7年以自然繁殖为目标的生态调控进行分析，结果表明生态调控对鱼类的自然繁殖起到积极作用。高志强等对于丰满水库建设运行造成下游鱼类种类减少的问题，展开了适宜鱼类繁殖的水文情势研究，建立了以生态保护为目标的优化调控模型，结果表明，此生态模型在满足最小生态需水量及发电的基础上，可至少提高48%的生态完整度。

生态调控以生态保护为目标，通过改善水库调控方式为手段，最终向着生态水利平衡的方向不断发展。

1.3 浑河流域沈抚段区域现状

1.3.1 地理位置

浑河古称沈水，别称小辽河，历史上曾是辽河最大的支流，现为独立入海的河流，是辽宁省水资源最为丰富的内河。浑河发源于辽宁省抚顺市清原县滚马岭，流经抚顺、沈阳、鞍山等市，在海城古城子附近与太子河汇合，汇合后称大辽河。浑河全长415km，流域面积$2.5\times10^4km^2$，承担了辽宁省中心城市群的工农业生产及生活用水任务。

浑河沈抚段是指辽宁省抚顺市新抚区贵德街到辽宁省沈阳市苏家屯区浑河闸大桥，其间包含沈抚新城，属于沈阳市经济发展的重要位置。研究区域地理坐标为北纬 42°45′～41°52′，东经 123°23′～123°55′，海拔在 60～70m 之间。占地总面积为 605km²，其中沈阳市辖区占有 335km²，抚顺市辖区占有 270km²。

1.3.2　气候特征

浑河流域地处中纬度，属中温带，是温带季风气候，主要特点是寒冷期长，四季分明，降水比较集中，湿度较大，全年降水量为 600～800mm，年际变化较大，多集中在 6～9 月份，占全年的 70% 左右，地方性差异明显，旱象多出现在春季；多年蒸发量平均值为 791.34mm，由于受季风影响 5～7 月份蒸发量最大，约占全年的 44.36%；多年平均气温为 8.6℃，最高气温 38℃，最低气温-33℃；多年平均日照总时数 2512.5h，10℃ 以上积温多年平均值为 3500.8℃，多年平均无霜期 160d，平均冻土深 1.1m；大部分地区湿度较大，年平均湿度在 65% 左右；冬春季多为西北风，夏秋季多为西南风。

1.3.3　河流水系

自大伙房水库坝下至浑河闸，全程长为 75.2km。截至 2023 年 11 月，该河段内现有拦河闸、坝 16 座，桥梁 24 座及穿河建筑物（八三隧道、五爱隧道、地铁隧道 4 座）6 座，在建穿河建筑物（地铁隧道）1 座，支流河 19 条。上游抚顺段支流河为章党河、东洲河、海新河、欧家河、将军河、古城子河。中间沈抚新城段主要支流有 10 河 1 渠，即莲岛河、友爱河、仁镜河、李石河、旧站河、新开河、白沙河、满堂河、杨官河、张官河及沈抚灌渠。下游沈阳段支流河为南运河、白塔堡河和上夹河。浑河沈抚段区域概化图如图 1.1 所示。

图 1.1　浑河沈抚段区域水系概化图

1.3.4 水利工程现状

随着浑河沈抚段城镇化进程的加快，人口数量随之增加，天然的河川径流在很大程度上已经无法满足人们对水的需求。人们不断在浑河上修建水利工程，调节径流，以适应生产生活对水的需求。修建最早的水利工程是我国"一五"期间修建，并于1958年竣工投入使用的大伙房水库，是一座拥有防洪、供水、发电、灌溉、养鱼、旅游等功能，多年调节的大型水利枢纽工程。大伙房水库位于辽宁省抚顺市浑河上游，控制流域面积5437km²，多年平均流量52.3m³/s，总库容21.81×10⁸m³。大伙房水库作为浑河流域上的控制性骨干工程，在辽宁省水利工作中拥有举足轻重的地位，被誉为"浑河明珠"。近几十年来，为降低洪涝灾害发生以及满足城市景观用水需求，政府多处修建水利工程，其中浑河沈抚段共修建16处闸坝：龙凤橡胶坝、万新橡胶坝、城东橡胶坝、将军橡胶坝、戈布橡胶坝、古城河口橡胶坝、月牙岛橡胶坝、和平拦河闸、高阳橡胶坝、下伯官拦河坝、干河子拦河坝、浑北拦河坝、王家湾橡胶坝、浑南橡胶坝、砂山橡胶坝和浑河闸。

1.3.5 水质水量现状分析

1.3.5.1 水质现状分析

近年来，环境保护受到愈来愈多的关注，在党的十九大报告中明确指出："坚决打好生态环境保护的攻坚战，为人类创造良好的生产生活环境"。党的二十大报告中再次强调，"深入推进环境污染防治。坚持精准治污、科学治污、依法治污，持续深入打好蓝天、碧水、净土保卫战。"可见国家对生态环境的重视程度。2000年以来浑河沈抚段水质一直处于严重污染阶段，直到2012年才走出劣V类的行列，但随着城市化进程的加快，人口数量、人均污水排放量增加，2016年出现水质"反弹"现象。浑河沈抚段主要污染指标是COD、氨氮。

1.3.5.2 水量现状分析

（1）浑河沈抚段水量现状分析

浑河径流量的年内分配不均匀，受季节条件的影响较大。因为冬季河流封冻，最小流量出现在1～4月，径流仅靠地下水补给；随着气温升高，河面解冻及积雪融化，同时大伙房水库放水，5月之后浑河补给水量激增，流量显著增大，连续最大4个月径流量出现在5～8月，来水量占全年来水量的70%。最大月径流量在8月，最小月径流量在2月。

（2）大伙房水库调度水量现状分析

大伙房水库位于辽河的大支流浑河中上游，坐落于辽宁省抚顺市，控制流域面积 5437km²。水库上游为山岳地带。坝址以上流域多年平均径流量 $15.2×10^8m^3$，坝址以上流域多年平均降水量 799.5mm，年最大值 1315.4mm（2010 年），最小值 560.3mm（1997 年），降雨主要集中在 7、8 月份，此间降雨约占全年降水的 48.5%。

大伙房水库总库容为 $21.81×10^8m^3$，调洪库容为 $12.68×10^8m^3$，正常高库容 $14.3×10^8m^3$，死库容 $1.34×10^8m^3$，兴利库容 $12.96×10^8m^3$，共用库容 $4.3×10^8m^3$，多年调节库容 $6.93×10^8m^3$，多年平均来水量 $15.2×10^8m^3$，调节水量 $10.2×10^8m^3$，工业城市用水量 $3.82×10^8m^3$，工业用水保证率为 95%，蒸发渗漏损失 $0.66×10^8m^3$，灌溉用水保证率为 75%。

大伙房水库的入库水量主要用于农业、工业、生活、蒸发渗漏、发电弃水等方面。年均农业用水量占年均总入库水量的 42.17%，年均工业、生活用水量占年均总入库水量的 24.24%，年均蒸发渗漏占年均总入库水量的 4.45%，年均发电弃水量占总入库水量的 22.96%，可见农业用水量占据了大伙房水库入库水量的大部分。

大伙房水库除了 5~8 月灌溉和防洪，几乎不往下游河道泄水，5 月主要用于农业灌溉，6~8 月主要是用于满足汛期防洪的要求。5~9 月大伙房水库泄水量大于生态需水量，其他月份生态需水量超过大伙房水库的泄水量，尤其是非汛期，水库泄水量不能满足最小的生态需水量，因此需要增加对非汛期水量的关注，合理增加非汛期水量调控力度，使非汛期河道生态环境不再恶化。

2

河流水文特征变化

2.1 水文情势变化研究

水文情势是影响河流生态系统改变的主要因素，决定着河流物质循环、能量传递、物理栖息地和生物相互作用等过程，从而影响河流的生态完整性和生物多样性。河流水文情势对河流生态系统稳定性起决定作用，大型水库、闸坝的建立往往会引起水文情势变化。目前，关于人类活动对河流水文情势的变化及影响评价，国内外学者进行了大量研究。

2.1.1 国外研究现状

1998 年，Richter 等创立了一种评估河流生态水文变化的指标体系（IHA，indicators of hydrologic alteration），从量值、时间、频率、延时和变化率 5 个方面评估河流水文情势变化特征。之后，又结合 IHA 提出变异性范围法（RVA，range of variability approach）。与 IHA 相比，RVA 相当于 IHA 的一个扩展模块，一定程度上可以看作是 IHA 指标体系的一部分。RVA 可用来分析人类活动干扰前后河流水文因子的变化程度。同时，Richter 等还利用 RVA 法分析美国 Colorado 河下游支流在大坝建设前后的水文变化情况。利用 RVA 法进行水文情势的研究主要有以下三个步骤。

2.1.1.1 IHA 指标的确定

RVA 是利用 IHA 的 32 个水文参数评估水文改变程度，主要通过水文特征值的量值、时间、频率、延时以及变化率五个方面对河流径流特征进行分析。指标共 5 组 32 个水文参数，水文改变指标及参数特征见表 2.1。

表 2.1 水文改变指标及参数特征

组别	内容	特性	IHA	指标序号	生态影响
第一组	各月流量	量值、延时	各月平均流量值	1~12	满足水生有机物的栖息需求、陆生动物的水量需求、哺乳动物的食物需求及含氧量需求
第二组	年极端流量	频率、延时	年最大 1、3、7、30、90 日平均流量，年最小 1、3、7、30、90 日平均流量，断流天数	13~23	满足植物所需场所需求、河道地形、植物群落分布、处理河道沉积物流量需求

组别	内容	特性	IHA	指标序号	生态影响
第三组	年极端流量发生时间	时间	年最大流量发生时间	24	满足鱼类产卵繁衍的栖息地条件、物种进化需求
			年最小流量发生时间	25	
第四组	高、低流量的频率及延时	频率、延时	发生低流量、高流量次数	26～27	提供水鸟休眠、满足泥沙运输、河床结构需求
			发生低流量、高流量平均延时	28～29	
第五组	流量变化的改变率及频率	频率、变化率	流量平均减少率	30	影响植物干旱、造成漫滩有机物的截留
			流量平均增加率	31	
			每年流量逆转次数	32	

2.1.1.2 RVA 阈值的确定

Richter 等提出在资料缺乏的情况下，可采用人类活动前各指标的平均值加减标准偏差或各指标发生概率75%及25%的值作为各个指标的上下限，即为 RVA 阈值。本书选取后者来确定各指标的 RVA 阈值。

2.1.1.3 水文特征改变度的计算

Richter 等提出以水文改变度来评估 IHA 指标受人类活动影响的程度，改变度计算见式（2.1）。

$$D_i = \left| \frac{D_{oi} - D_e}{D_e} \right| \times 100\% \qquad (2.1)$$

式中　D_i——第 i 个 IHA 指标的水文改变度；

D_{oi}——受影响后第 i 个 IHA 指标仍落在 RVA 阈值内的年数；

D_e——预期的受影响后落在 RVA 阈值内的年数。

一般认为 D_e 可以利用 γD_T 来计算，γ 为人类活动影响前 IHA 落在 RVA 阈值内的比例，取50%，而 D_T 为河流受人类活动影响的总年数。

定义若 D_i 值介于 0～33% 属于无或低度改变；D_i 值为 33%～67% 属于中度改变；D_i 值为 67%～100% 属于高度改变。由于不同的 IHA 受人类活动影响程度不同，需整体评估河流的水文形势改变程度。可采用加权平均法来计算河流水文情势的整体水文改变度，以 D_o 表示河流水文情势的整体水文改变度，具体评估方式如下：

① 河流水文情势为整体低度改变：IHA 指标全部为低度改变，计算公式为式（2.2）。

$$D_\mathrm{o} = \frac{1}{n} \sum_{i=1}^{n} D_i \qquad (2.2)$$

式中，n 为评估 IHA 指标的个数。

② 河流水文情势为整体中度改变：至少有一个 IHA 指标为中度改变，且没有 IHA 指标为高度改变，计算公式为式（2.3）。

$$D_\mathrm{o} = 33\% + \frac{1}{n} \sum_{i=1}^{N_\mathrm{m}} \left(D_i - 33\% \right) \qquad (2.3)$$

式中，N_m 为 IHA 指标中属于中度改变的 IHA 个数。

③ 河流水文情势为整体高度改变：至少有一个 IHA 指标为高度改变，计算公式为式（2.4）。

$$D_\mathrm{o} = 67\% + \frac{1}{n} \sum_{i=1}^{N_\mathrm{k}} \left(D_i - 67\% \right) \qquad (2.4)$$

式中，N_k 为 IHA 指标中属于高度改变的 IHA 个数。

2.1.2　国内研究现状

国内利用 RVA 法研究河流水文情势的时间较晚，目前主要应用于大中型河流的流域。研究初期，由于基础数据的限制，大部分研究都集中在分析人类活动前后河流水文指标变化对生态系统的影响。

李翀等利用长江流域宜昌站日径流量资料分析"近自然状态河流"和"人工干扰状态河流"的生态水文特征，结果表明人类活动对研究区域各个水文指标的影响不显著。

张洪波等以渭河 44 年的水文资料和宝鸡峡灌区 32 年的引水资料为基础，研究引水对渭河生态系统水文情势的影响。

李兴拼等以枫树坝水库为研究对象，利用 RVA 法分析东江上游河流径流年内变化情况，得出水库建设对径流的影响属于中度改变。

舒畅等将 RVA 法扩展到生态流量的计算，得出南水北调西线一期工程中泥曲河可调径流量为 6.44 亿立方米，与其他方法的结论一致。

2.2 环境流变化研究

水生生物对于河流流量的变化很敏感，尤其是其产卵繁殖的生命阶段，同时也具有很强的适应性。在流量变化较大的河流，生物具有较强的抵抗力和适应能力，否则相反。因而当某一环境流指标发生变化时，流量年际间变化不大的河流，其生态环境功能及水生生物将受到显著影响。

20世纪后期，在河道断流、水质恶化、生态退化等环境问题的背景下，西方国家提出环境流概念，最初目的是维护河流生态健康，寻求使人类、河流和其他生物和谐相处、实现水资源共享的方法。国内外对于环境流的定义存在差异，欧美国家指出，环境流指保护水生生物栖息地、恢复和维持河流生态系统健康、保护水质、防止海水入侵等目的所需的水量；世界自然保护联盟（IUCN）认为，环境流是针对存在用水矛盾但水量可调河流，维持其正常生态功能所需的水量。我国河流面临各方面的压力较大，导致环境流的内涵较广泛，包括枯水期最低流量、丰水期洪水流量、水量过程及水动力等多个方面。

2.2.1 环境流研究现状

2.2.1.1 国外研究现状

国外关于环境流的研究一般与其他生态模型相结合，大体可分为四个阶段，即提出河流最小生态流量的认识、引出有流量过程概念的环境流理论、从河流整个生态系统考虑环境流问题、将环境流应用到河流管理工作中。

Richter等初步建立了环境流与生态模型间的关系，并确定了萨瓦纳河环境流的季节性变化特征。另外，Richter等基于环境流概念，提出可以通过水资源系统的运行管理及土地利用管理等方法恢复流域环境流的方法。

Ruth Mathews等将河流分为未经调节的河流和经过调节的河流两种状态，分析不同类型河流环境流组成状态的区别。

2.2.1.2 国内研究现状

20世纪末期，国内开始了环境流的探索，最初主要是河流最小生态环境流的研究，之后环境流研究广泛开展。研究方法包括"面积定额法""植株定额法"及一些多元化的计算方法，研究区域也扩展到了河流、湿地及平原河网等区域。

刘晓燕分析了黄河兰州以下河段的河道、水质和水生态特点，利用耦合分析模型，提出维护黄河健康应保障的各典型断面的环境流量和环境水量。

陈进根据我国河流的具体特点，阐述了适用于我国的环境流实现途径，并以长江和黄河为例，总结了环境流的研究成果和实践经验，同时也根据环境流管理方面的问题提出了建议。

顾然以 RVA 框架为基础，根据河流水环境因子（环境流流量事件组成指标）的季节性变化情况，建立了生态径流推求方法。

2.2.2　环境流组成

20 世纪后期西方国家研究学者提出环境流的概念，其最初目标是削弱天然流量的改变给河流生态系统带来的影响。大自然保护协会（TNC）指出：使河流生态系统保持健康所需的流量即为环境流。环境流的组成（EFC），包括月低流量、极端低流量、月高流量、高流量脉冲、小洪水和大洪水六种流量事件，环境流指标及参数特征见表 2.2。

表 2.2　环境流指标及参数特征

组别	内容	EFC	指标序号	生态影响
第一组	月低流量	各月低流量平均值	1~12	为水生生物提供足够的栖息地；维持合适的水温、溶解氧及土壤湿度；使鱼类向捕食区和产卵场移动
第二组	极端低流量	每个水文年或季节极端低流量的平均值、持续时间	13~14	消除入侵物种，有利于水生生物和河岸带植物的生长；把被捕食者限制在一定区域内，对捕食者有利
第三组	月高流量	各月高流量平均值	15~26	形成河道的物理特性；冲刷废弃物和污染物，重新恢复水质条件；为陆地动物提供饮用水
第四组	高流量脉冲	每个水文年或季节高流量脉冲的平均值、持续时间	27~28	决定河床基质的大小；防止岸边植物侵占河道；维持河口适合的盐度
第五组	小洪水	小洪水事件（周期为2~10年）的平均值、持续时间、小洪水涨落速率	29~32	将有机物质冲刷入河道；控制洪泛区植物的分布和丰富度；引起新的生命周期阶段
第六组	大洪水	大洪水事件（周期为10年）的平均值、持续时间、大洪水涨落速率	33~36	通过延长幼苗与土壤水分的接触，为洪泛区植物提供补充营养的机会；维持洪泛区森林类型的生物多样性；扩散生物繁殖体

2.2.3 环境流流量事件的界定

（1）月低流量

将序列的日流量值由小到大排序，称第 10 百分位的数值到第 50 百分位的数值之间的日流量数据为月低流量数据，对应的日期为月低流量日。

（2）极端低流量

将序列的日流量值由小到大排序，称第 1 百分位的数值到第 10 百分位的数值之间的日流量数据为极端低流量数据，对应的日期为极端低流量日。

（3）月高流量

将序列的日流量值由小到大排序，称第 50 百分位的数值到第 75 百分位的数值之间的日流量数据为月高流量数据，对应的日期为月高流量日。

（4）高流量脉冲

将序列的日流量值由小到大排序，称第 75 百分位的数值到第 100 百分位的数值之间的日流量数据及高于前一日流量数据 25% 的日流量数据为高流量脉冲数据，对应的日期为高流量脉冲日。

（5）小洪水

将序列的日流量值由小到大排序，若该日流量数据大于第 50 百分位的数值且重复发生周期为 2～10 年，则称该流量数据为小洪水。

（6）大洪水

将序列的日流量值由小到大排序，若该日流量数据大于第 50 百分位的数值且重复发生周期大于 10 年，则称该流量数据为大洪水。

2.2.4 环境流指标计算

（1）中值

中值是一定水文序列计算长度下，序列流量值按由小到大排序后的第 50 百分位数值，反映计算时段河流流量的一般水平。

（2）离散系数

离散系数（CV）又称变异系数，反映单位均值上的离散程度，计算公式为式（2.5）。

$$CV=SD/M \qquad (2.5)$$

式中，SD 为各指标数据的标准偏差；M 为各指标数据的平均值。

（3）偏差系数

偏差系数（DC）用来描述数据的偏度，即水利工程建设前后各指标数值的偏差，包括平均值和离散系数的偏差，计算公式为式（2.6）。

$$DC = (D_1 - D_0)/D_0 \qquad (2.6)$$

式中，D_0 为水利工程建设前各个环境流指标的数值；D_1 为水利工程建设后各个环境流指标的数值。

（4）涨落速率

高流量脉冲、小洪水和大洪水三种流量事件中的涨落速率是指相应流量事件中第二日流量值相较于第一日流量值的上升（或下降）百分比，计算公式为式（2.7）。

$$P = (Q_2 - Q_1)/Q_1 \qquad (2.7)$$

式中，P 为流量事件的上升率（或下降率），P 为正值时为上升率，负值为下降率；Q_1 为第一日流量值；Q_2 为第二日流量值。

3

河流生态需水量

3.1 河流生态需水量组成

20 世纪 40 年代，为避免河流生态系统退化，由美国渔业和野生动物保护组织协商，规定需保持河流最小生态流量，故由此提出最早的河流生态环境需水量概念。20 世纪 70 年代，美国通过立法的形式将河流生态环境需水量纳入地方法案，并规定了河道内用水、河口三角洲、河流基流量等环境需水量的限值。20 世纪 80 年代，更多的国家开始关注河道生态需水量，英国、新西兰、澳大利亚等开展河流生态流量的概念研究，南美洲、亚洲等地区也逐步接受这一概念。20 世纪 90 年代初，法国颁布的水法中，明确规定河流最小生态环境需水仅次于饮用水的优先地位，由此可知，法国对于河流生态环境需水的研究是非常重视的。

到目前为止河流生态环境需水量的定义、计算标准、原则和方法还没有一个公认的说法。从内容上讲，国外对河流生态需水的研究可以概括为：鱼类生息环境和河道流量之间的关系研究；流量与水中指示生物之间的关系研究；水库调度时考虑生态环境水量和生态环境等因素优化分配关系的研究；河道流量、溶解氧与水生物三者之间的关系研究。

国内对于河流生态环境需水量的研究起步较晚。研究早期，我国学者主要的研究对象是长江、黄河。由于历史上长江及黄河流域中，部分河段频繁发生断流，使水域状态不断恶化，河床淤高并逐渐呈荒漠化趋势。针对这一问题，学者开始将河流需水量作为改善河道缺水状态的出发点，研究内容主要集中在探讨河流最小流量方面。20 世纪 70 年代末至 80 年代初由我国长江水资源保护科学研究所编写的《环境用水初步探讨》，是从环境用水的角度研究河流最小流量等问题的典型代表。后来，有人提出对干旱地区及枯水时段的河流流量展开讨论，主要是为了有足够水量维护河流环境不再进一步恶化并逐渐改善。"河流生态环境用水"概念是 20 世纪 90 年代汤奇成等人在分析绿洲建设问题和塔里木盆地水资源时提出的，并得出外流河道生态需水量占水资源总量 40%的结论。

狭义的河流生态需水量是维护河流生态环境不再恶化并逐渐改善所需要消耗的水资源总量。国内一般将河流生态需水量分为：维持河流生态平衡所需要的基础流量、维持水分循环所需的水量、维持河流稀释自净能力所需要的流量、维持河流水沙平衡并防止河道内泥沙淤积所需要的流量、为防止河道断流所需要的流量、维持航道正常通航要求所需的水量、防止入海处海水倒灌所需要的流量、维持天然及人工种植植被蒸发消耗所需的水量。

内陆城市河流不存在与海水交汇临界处，不需考虑水盐平衡的影响，因此，河流生态需水量分为河道内生态环境需水量和河道外生态需水量两部分。河道内生态环境需水量包括河流基本生态需水量、河流自净生态需水量、河流输沙生态需水量、河流水面蒸发生态需水量；河道外生态需水量包括河道渗漏生态需水量、河流岸边植被生长生态需水量。丰、平、枯年型的河流生态需水量不同。对于较长的河流，其沿程的地质条件、水量、功能等方面存在着差异，所以不同河段所要求的河流生态需水量也存在着差异。为避免上下区间、干支流区间的河道需水量存在的重复计算问题，用河道分区的方法来计算河道分区生态需水量。

3.2　河流生态需水量计算方法与模型

国外河流生态需水量计算可以分为历史流量法、水力学法、栖息地定额法、综合法四大类。

历史流量法主要包括 Tennant 法（蒙大拿法）、流量历时曲线法。李舜采用改进 Tennant 法计算了宜昌站最小、最适宜、最大生态径流，为四大家鱼和中华鲟的生态保护提供了科学依据。何俊仕将流量历时曲线法运用到辽河干流铁岭站计算生态环境需水量，结果表明，流量历时曲线法与 Tennant 法对铁岭站河流生态环境需水量计算结果一致。

水力学法主要包括湿周法、R-2 法、WSP 水力模拟法，相较于历史流量法，水力学法包含许多具体的河流信息，但该方法忽略了水流本身的流速变化，未考虑河流中具体的物种对水的需求。郭新春针对山区小型河流采用改进的 R-2 法计算最小生态需水量，结果表明，修正的 R-2 法具有直观、定量的特点，对山区小型河流最小生态需水量的计算更具针对性和适用性。

栖息地定额法主要包括由美国渔业及野生动物保护组织研发的河道内流量增量法（IF-IM/PHABSIM）、有效宽度法（UW）、加权有效宽度法（WUW）等，栖息地定额方法与水力学法或历史流量法相比灵活性更大，可以考虑一年中多个物种不同生命阶段所占用栖息地的变化过程，不过，为解决不同物种及其不同生命阶段栖息地需求上的矛盾，则需要对该水生态系统有充分的了解和明确的目标期望。魏天峰采用 Tennant 法与栖息地定额法等方法计算博尔塔拉河最小生态需水量，结果表明，Tennant 法较适合基础资料薄弱的干旱区河道生态需水量的计算。

综合法主要包括南非的建立分区法（BBM 法）、澳大利亚的 HEA 法，该方法克服了栖息地定额法仅仅针对特定生物的缺点，强调从河流生态系统的整体出发，考虑整个生态系统的需水要求，但是由于部分资料获取困难，需要通过专家意见来弥补，计算结果的可靠性受到质疑，并且此方法人力物力消耗大，耗时较长，目前并未得到很好的推广，但其发展空间巨大。余玲采用 BBM 法对滦河下游唐山段的生态需水量进行了估算，结果表明，滦河下游唐山段的生态环境需水总量为 $17.37 \times 10^8 m^3$，唐山地区的水资源分布不平衡，其中唐山市、迁西县、滦州市的水资源承载力已经接近阈限，迁安市、乐亭县、滦南县还有一定的开发潜力。

国内学者在学习国外河道生态需水量计算的同时，自主研发了适合我国国情的河道生态需水量核算方法，主要包括最枯月平均流量法、7Q10 法、水力半径法、月保证率法。

最枯月平均流量法于 20 世纪 70 年代传入我国，即采用近 10 年最枯月平均流量或 90%保证率河流最枯月平均流量作为河流环境用水。石永强采用最枯月平均流量法对襄阳市 4 条代表河流进行生态基流计算，计算结果可为襄阳市水资源的合理开发利用和水生态文明建设提供依据。

7Q10 法是一种基于水文学参数，考虑河流的自净能力计算河道生态环境需水的方法。窦明将 7Q10 法运用到了南水北调中线工程河道最小环境需水量计算中。

水力半径法是在南水北调西线一期工程缺乏资料的现状下由刘昌明院士提出的，是一种考虑底坡比降、糙率、水力半径以及水生生物流速信息的估算生态需水量的方法。刘丹采用水力半径法计算了贾鲁河两个水文站不同水文频率年对应的最小生态需水量，结果表明，生态水力半径法得到的扶沟站丰、平、枯水年和中牟站丰、平水年最小生态需水量计算结果是合理的。

月保证率法起初由杨志峰等人提出用于河流允许最大的废水排放量，随后许多学者将该方法用于湖泊和河流的生态环境需水研究，王西琴对该方法计算的具体步骤进行了说明。牛夏采用月保证率等方法计算了疏勒河流域生态基流，结果表明，月保证率法计算结果更加准确，更加适合季节分明的河流。

3.2.1　河流基本生态需水量

河流生态基本流量是一定时间段内河流维持河流中鱼类、底栖动物及着生藻类在内的生物群落的健康稳定发展，同时河流本身具有足够的自净能力，能够通过河道内的鱼类和微生物等消耗河道内的营养物质，从而保证河道健康的基础流量。河流基本生态需水量主要包括地表径流的汇入、河道降雨、地下水补给、地下径流。因此河流基本生态需水量不是一个固定的值，而是与不同时段生态环境相协调的在一定范围变化的数值。

计算河流基本生态流量的方法有流量历时曲线法、Tennant 法、月保证率法、BBM 法等多种方法。

3.2.1.1 流量历时曲线法

流量历时曲线法属于水文学方法。流量历时曲线法以历史流量资料构建各月流量历时曲线，以 90% 或 95% 保证率对应流量作为基本生态环境需水量的最小值。根据《河湖生态环境需水计算规范》（SL/Z 712—2021）规定，流量历时曲线法利用长系列水文资料分析确定最枯月（旬、日）频率时，可针对不同河流及不同水生态特点，通过调整保证频率达到所需的保护和管理目标。

3.2.1.2 Tennant 法

Tennant 法又称 Mantana 法（蒙大拿法），是由田纳特于 1976 年发表的。田纳特等人探究了在地区、河流、断面、流量等因素共同制约下，物理、化学和生物条件对冷水、热水鱼的作用。他们以可直接获得的信息为基础，描述了河宽、流速、平均深度等生长环境数据与年平均流量的定性关系，并以满足鱼类和其他水生生物的生存条件为目的，选择年平均天然径流量的百分比作为河流推荐流量，并将年平均天然流量的 10% 作为最小流量标准。

3.2.1.3 月保证率法

月保证率法是对流量历时曲线法进一步改进得到的。月保证率法步骤：①根据系列水文资料，对天然月径流量按照从小到大的顺序进行排列；②将全年 12 个月序列划分为丰、平、枯三个不同水期系列，丰水期（6、7、8 月份）取 50% 保证率、平水期（4、5、9、10 月份）取 75% 保证率、枯水期（11、12、1、2、3 月份）取 95% 保证率，计算各月保证率下所对应的天然流量；③月保证率前提下，参考国际河流流量推荐值下限、上限（天然径流量的 10%、60%）和生态保护目标，设定 20% 为基本生态需水量。当月最小生态水量占天然径流量的百分比小于 10% 时，取月天然径流量的 10% 作为基本生态需水量。

在《水文基本术语和符号标准》（GB/T 50095—2014）中，将河川径流丰、平、枯年划分为特丰水年、偏丰水年、平水年、偏枯水年和特枯水年五大类别。特丰水年是河川径流量为历年最大值或接近最大值的年份；偏丰水年是河川径流量显著大于平均值的年份；平水年是河川径流量最接近平均值的年份；偏枯水年是河川径流量显著小于平均值的年份；特枯水年是河川径流量为历年最小值或接近最小值的年份。在水资源分析中常将特丰水年、偏丰水年称为丰水年；特枯水年和偏枯水年称为枯水年。

采用《水文情报预报规范》（GB/T 22482—2008）中的距平百分率 P 作为划分径流丰平枯的标准，见表3.1。距平百分率 P =（某年年径流量-多年平均径流量）/多年平均径流量×100%。

表 3.1　丰平枯划分标准

丰平枯级别	划分标准
特丰水年	$P>20\%$
偏丰水年	$10\%<P\leqslant20\%$
平水年	$-10\%<P\leqslant10\%$
偏枯水年	$-20\%<P\leqslant-10\%$
特枯水年	$P\leqslant-20\%$

3.2.1.4　基于 DRM 的 BBM 法

BBM 法根据需要确定水域生态系统水量和水质要求来提前确定一个可满足需水要求的状态。该方法根据河流的状态成分构成将需水量分为干旱年基流量、正常年基流量、干旱年高流量、正常年高流量四部分。生态学和地理学的专家对河流流速、水深和宽度进行计算处理，水文学专家参照水文信息尽量给出相关标准，使得河流推荐流量能够达到要求，同时适用于河流实际情况。

DRM（desktop reserve model）法是以月为单位综合分析研究河流生态需水量。其基本假定是：正常年，相比于流量变化较大的河流，较稳定的河流需要更多的生态需水量。DRM 法将水文年分为"正常年"和"干旱年"，对于流动可靠性高的河流，正常年发生频率较高；当水文资料较丰富时，需根据水文变化状况确定正常年、干旱年的发生频率，从而确定河流的季节性变化。模型根据水文特性将流量分成正常年基流量、干旱年基流量及正常年高流量。

基于 DRM 的 BBM 法计算河流基本生态需水量的步骤如下：

（1）生态现状评定

南非水务和林业部（DWAF）对生态现状的评定细节进行了详细的描述，主要是通过建立描述流量变化的基准线对河流健康状态进行评价。DWAF 介绍的较常用的评定方法为 Habitat Assessment Methodology 法，该方法将指标分为河道内标准（9个指标）和河岸地带标准（8个指标），全面地评价河道内外栖息地的现状，各指标评定分数区间为 0～25，0 代表无影响，25 代表有严重影响。在各项指标资料信息充足的情况下，根据研究区域具体情况进行权重得分评定，最终确定其生态等级 A=90%～100%、B=80%～89%、C=60%～79%、D=40%～59%、E=20%～39%。

（2）流量变化指数

流量的改变是对河流健康最严重、持续时间最长的威胁，对生态需水量的计算有着非常重要的作用，DRM 法主要通过变异系数、基流指数及综合指数来反映研究区域水量变化情况。

① 变异系数 CV　变异系数是月流量值相对于平均流量值的偏离程度，能够反映干旱和湿润季节流量的变化情况。CV 计算方法是：选取具有代表性的 3 个干旱月份及 3 个湿润月份，分别计算其平均变异系数，取二者平均数之和作为整体变异系数。CV 的计算见式（3.1）。

$$CV = \frac{\sqrt{\dfrac{\sum (x - \bar{x})^2}{n-1}}}{\bar{x}} \tag{3.1}$$

式中，x 为该月份的流量值；n 为总月份数。

② 基流指数 BFI　基流指数 BFI 用来反映流量在短时间的变化情况，水量过程线变化幅度越大，BFI 值越大，即基流量占总流量的比例越大。可以采用最小平滑值法计算 BFI。

最小平滑值法是目前普遍使用的基流分割方法之一。最小平滑值法首先将研究断面总径流数据序列划分为以 5 天为单位的互不影响的块，然后挑选每个块中的最小值形成新的序列，再次划分序列相邻 3 个为一个互不重叠的块。如果 3 元素块满足 $kQ_t < \min(Q_{t-1}, Q_{t+1})$，则 Q_t 为基流过程线的一个拐点，英国水文研究所将最小平滑值法与人工分割结果对比得出 k=0.9 为最优。按照上述方法找出研究断面总径流数据序列的所有拐点，连线进行线性插值，需要注意的是，如果地表径流小于插值结果，则取地表径流作为基流值。

③ 综合指数 CVB　综合指数 CVB=CV/BFI，既能体现出流量的季节性变化，又能反映流量过程线中流量短时间的变化情况。综合指数的变化范围为 1～50，当河流流量变化较稳定时，CVB 值接近 1；当河流流量变化较大时，CVB 值接近 50。

（3）三种动态需水量的计算

DRM 法根据水文特性将生态需水量分为 3 块：正常年基流量需水量（MLIFR）、干旱年基流量需水量（DLIFR）及正常年高流量需水量（MHIFR）。

① 正常年基流量需水量 正常年基流量需水量计算见式（3.2）。

$$MLIFR = LP4 + (LP1 \times LP2) / (CVB^{LP3})^{(1-LP1)} \tag{3.2}$$

式中，LP1、LP2、LP3、LP4 为根据生态系统类别 A～D 设定的参数值，具体设定值见表 3.2。

表 3.2 MLIFR 估算方程中的参数值

参数	生态类型						
	A	A/B	B	B/C	C	C/D	D
LP1	0.900	0.905	0.910	0.915	0.920	0.925	0.930
LP2	79	61	46	37	28	24	20
LP3	6.00	5.90	5.80	5.60	5.40	5.25	5.10
LP4	8	6	4	2	0	−2	−4

② 干旱年基流量需水量 干旱年基流量需水量计算的基础数据较少，需结合生态需水量相关专家意见确定，当生态系统为 D 类河流时，DLIFR 可认为与 MLIFR 相等。

③ 正常年高流量需水量 正常年高流量需水量计算见式（3.3）。

$$MHIFR = \begin{cases} \gamma \times HP2 + HP3 & CVB \leqslant 15 \\ (\gamma \times HP2 + HP3) + (CVB - 15) \times HP4 & CVB > 15 \end{cases} \tag{3.3}$$

式中，HP2、HP3、HP4 为参数值，根据生态系统类别 A～D 设定，具体设定值见表 3.3。

表 3.3 MHIFR 估算方程中的参数值

参数	生态类型						
	A	A/B	B	B/C	C	C/D	D
HP1	0.9	0.8	0.72	0.66	0.61	0.58	0.55
HP2	13.00	11.00	9.00	7.75	6.70	5.90	5.50
HP3	10.0	8.5	7.2	6.2	5.5	4.9	4.5
HP4	0.015	0.015	0.015	0.015	0.015	0.015	0.015

参数 γ 可由下式得出：

$$\gamma = \frac{x^{\lambda} - 1}{\lambda} \tag{3.4}$$

$$x = \ln CVB / \ln 100 \tag{3.5}$$

式中　x——0～1 之间的不变量；

　　λ——估算方向的第一个参数，即 HP1，见表 3.3。

（4）年需水量的月际分配

① 年基流量需水量的月际分配　正常年或干旱年基流量的月需水量需根据分离后基流的序列来确定，计算公式如下：

$$Q_{mi} = Q_i \times MLIFR\,(或\,DLIFR)/\sum Q_i \tag{3.6}$$

$$Q_i = QB_{min} + (QB_i - QB_{min}) \times SCALE \tag{3.7}$$

式中　Q_{mi}——正常年或干旱年基流量的月需水量；

　　QB_i——月平均基流量；

　　QB_{min}——12 个月平均基流最小值；

　　SCALE——与季节有关的参数值，小于 1。

② 年高流量需水量的月际分配　DRM 法认为正常年高流量的月需水量大小与河流的生态环境功能有关，模型将河流基本功能分为三种：保护河道地貌、维护河岸植被和泥沙输送、满足鱼类产卵等，因此年高流量需水量的月际分配较复杂。主要步骤如下：

首先，计算年高流量分配的百分比，见式（3.8）。

$$H_i = (Q_i - QB_i) \times 100\% / \sum (Q_i - QB_i) \tag{3.8}$$

其次，根据河流所需的生态环境功能，将 12 个月分为主要功能月份和次要功能月份，分别定义其分布参数 HSD：主要功能月的 HSD_{ih} 等于−9，次要功能月的 HSD_{il} 为 0.5～2.0，HSD_{il} 越大表示水量需求越高。

次要功能月份的无量纲高流量值 HND_{il} 和分配后剩余量 REM_h 的计算公式见式（3.9）、式（3.10）。

$$HND_{il} = HSD_{il} \times H_i \tag{3.9}$$

$$REM_h = 100 - \Sigma HND_i \tag{3.10}$$

主要功能月中 H_i 最大的月份无量纲高流量值 HND_{ih} 计算见式（3.11）。

$$HND_{ih} = REM_{h1} \times \sqrt{\max H_i / \Sigma H_i} \tag{3.11}$$

式中，REM_{h1} 为最接近 $max\ H_i$ 与 ΣH_i 的差值。

主要功能月中剩余的三个月份，应根据研究区域的实际状况分别对其设置因子，其无量纲高流量值 HND_{ih} 的计算见式（3.12）。

$$HND_{ih} = \left(REM_h - REM_{h1}\right) \times 因子值_i \tag{3.12}$$

最终，正常年高流量需水量的月际分配流量 $HLFR_i$ 为式（3.13）。

$$HLFR_i = HND_i \times MHIFR/100 \tag{3.13}$$

（5）建立保证率曲线

从 BBM 法中得到的正常年和干旱年基本生态需水量仅包含流量的数值，在保证率方面仍需完善。可通过建立皮尔逊Ⅲ型保证率曲线（水平 x 轴表示预期流量的保证率，垂直 y 轴表示正常年和干旱年的月需求量）确定正常年、干旱年不同保证率下的月基本生态需水量。

3.2.2 河流自净生态需水量

河流自净能力是水体接纳一定量污染物的能力，在计算河流自净能力时，必须综合考虑河流水量、水体水质与污染物排放量之间的关系。

河流自净能力影响因子包括河道流量、水流平均流速、污水流量、污染物浓度，这些影响因子对河流自净生态需水量的计算有重要作用。对于一般河流来说，河流长度远大于其河道本身的深度和宽度，污染物经排污口排入河流，污水与河水混合后的流域长度远小于河道整体的计算流程，所以混合后水体经过一定距离能够与河流混合均匀，通常污染物浓度变化只考虑沿河流流向方向的稀释浓度变化，即假设污染物浓度在水流断面上呈均匀状态，只随水流方向变化，故目前常用的河流自净需水计算方法主要为河流一维水质模型法。假设排污口断面为完全混合面，即断面河道流量全部参与对污水的稀释。因此，排污口断面污水中污染物在水中的浓度（C），可按式（3.14）计算。

$$C = \frac{Sq + C_0 Q_0}{Q_0 + q} \tag{3.14}$$

式中　S——污水中污染物浓度，mg/L；
　　　q——污水流量，m³/s；
　　　C_0——河水中污染物浓度，mg/L；
　　　Q_0——河水流量，m³/s。

当河流中有污水排入时，水中的微生物会氧化分解污水中的有机污染物，将其转化为无机物质，即水体的生化自净。忽略污染物的纵向弥散作用，采用一维稳态水质模型计算河流自净生态需水量，见式（3.15）。

$$u\frac{\partial C}{\partial x}=-KC \tag{3.15}$$

式中　u ——研究断面平均流速，m/s；

　　　C ——污染物的断面平均浓度，mg/L；

　　　K ——污染物自净系数，1/d；

　　　x ——起始断面到终止断面的距离，km。

自净系数是水体自净能力的直接体现。当向水体排放的污染物未超过一定限度时，自净系数主要与温度、河道比降及水流速度等因素有关。一般情况下，温度越高，自净系数越大，河流自净能力越强。计算自净系数的方法有实测法、试验测定法和类比法。

实测法是沿河流方向设置监测断面，进行水团追踪测定求得上下游两个监测段面的污染物浓度，求自净系数；试验测定法是利用室内试验资料推求，目前较常用的方法为最小二乘法，但需对实验室自净系数进行温度修正及水力修正；类比法是类比与研究河流水质、水力、水文及地质等情况类似的其他河流的自净系数。

计算河流自净生态需水量时，可将研究河流分成一个个互不重复的河段，假设起始断面的污染物浓度为 C_0，流量为 Q_0。此时，边界条件 $C(0)=C_0$ 时，在 $x=0$ 到 $x=x$ 区间上分别对式（3.15）进行积分，得到一维水质模型解析解为：

$$C(x)=C_0\exp\left(-\frac{Kx}{86.4u}\right) \tag{3.16}$$

式中　$C(x)$ ——河段终止断面的污染物浓度，mg/L；

　　　C_0 ——河段起始断面的污染物浓度，mg/L；

　　　x ——起始断面到终止断面的距离，km。

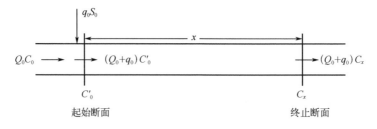

图 3.1　单个排污口的河段概况图

如图 3.1 所示，当河段存在单个排污口时，假设水量沿程不变，自净需水量的计算见式（3.17）。

$$Q_0 = \frac{S_0 q_0 \exp\left(-\dfrac{Kx}{86.4u}\right) - q_0 C(x)}{C(x) - C_0 \exp\left(-\dfrac{Kx}{86.4u}\right)} \tag{3.17}$$

3.2.3 河流输沙生态需水量

河流输沙生态需水量指在一定的时间和空间内，为维持某一河段或某一断面泥沙的动态平衡，将泥沙输送到下游所需的水量。输沙生态需水量由水流挟沙能力确定，但由于研究区域河道形态的不同，导致悬浮泥沙颗粒级配发生改变，水流挟沙能力具有随机性。一般根据河流的输沙特性，将河流输沙分为汛期输沙和非汛期输沙。

河流汛期生态输沙需水量的计算见式（3.18）、式（3.19）。

$$W_S = \frac{S_t}{C_{\max}} \tag{3.18}$$

$$C_{\max} = \frac{1}{n} \sum_{i=1}^{n} \max C_{ij} \tag{3.19}$$

式中　W_S——汛期输沙生态需水量，m^3/s；

　　　S_t——河流多年汛期平均输沙率，kg/s；

　　　$C_{\max}$——河流多年最大月平均含沙量，kg/m^3；

　　　C_{ij}——第 i 年 j 月的月平均含沙量，kg/m^3。

3.2.4 河流水面蒸发需水量

当水面蒸发量大于降水量时，必须从河流水面系统以外接纳部分水量来弥补，使生态系统功能正常运转，这部分水量即为水面蒸发需水量。当降水量大于水面蒸发量时，蒸发需水量为零。河流水面蒸发需水量计算见式（3.20）。

$$W_E = \begin{cases} A(E-P) & E > P \\ 0 & E \leqslant P \end{cases} \tag{3.20}$$

式中　W_E——河流水面蒸发需水量，m^3；

　　　P——平均降水量，mm；

E——平均蒸发量，mm；

A——水面平均面积，m^2。

3.2.5 河道渗漏生态需水量

河道渗漏生态需水量是指河道水位高于两岸地下水位，河道流量由于重力的作用渗漏补给地下水的水量。河道渗漏生态需水量计算见式（3.21）、式（3.22）。

$$W_L = \Delta Q \eta L \tag{3.21}$$

式中　W_L——河道渗漏生态需水量，m^3；

　　　L——计算河段的长度，km；

　　　η——修正系数，一般取 0.55；

　　　ΔQ——单位河长损失量，m^3/m。

$$\Delta Q = (Q_{\pm} / a)^{1/b} \tag{3.22}$$

式中　$Q_{\pm}$——计算河段流入水量，m^3；

　　　a、b——反映河床及两岸岩性的参数。

3.2.6 河流岸边植被生长生态需水量

河流岸边植被生长生态需水量指为维持河道及周边植被生态系统稳定所需的水量。流域的水循环过程影响着植被生态需水量，植被面积和植被蒸发量是影响植被生长生态需水最重要的两个因子，因此可通过计算植被的蒸发耗水量确定植被生长生态需水量，主要步骤如下。

（1）确定月植被蒸散能力

选用联合国粮农组织（FAO）推荐的 Hargreaves 法计算植被蒸散能力，见式（3.23）。所需的气象要素主要包括最高气温、最低气温、降水量、太阳辐射量等。

$$ET_0 = C_0 \left(T_{max} - T_{min}\right)^{0.5} \left(T_X + 17.8\right) \times R_\alpha \tag{3.23}$$

式中　ET_0——植被蒸散能力，mm/d；

　　　C_0——转换系数，取 $C_0 = 9.39 \times 10^{-4}$；

T_{max}、T_{min}——最高、最低气温，℃；

　　　T_X——平均气温，℃；

　　　R_α——天文辐射日总量，$MJ/(m^2 \cdot d)$。

（2）确定月植被蒸发量

陆面植被蒸发量的计算基于傅抱璞公式，见式（3.24）。

$$\text{ET} = P\left\{1 + \frac{R_n}{\text{LP}} - \left[1 + \left(\frac{R_n}{\text{LP}}\right)^m\right]^{1/m}\right\} \quad (3.24)$$

式中　ET——植被蒸发量，mm；

　　　P——降水量，mm；

　　　LP——汽化潜热，MJ/kg，R_n/LP 可用 ET_0 代替；

　　　m——反映土壤透水性和地形特性的参数，取 $m=2$。

（3）岸边植被生长生态需水量计算

岸边植被生长生态需水量由植被蒸发量和植被面积确定，见式（3.25）。

$$W_P = 1000 \times \text{ET} \times A \quad (3.25)$$

式中　W_P——岸边植被生长生态需水量，m³；

　　　A——河岸草地面积，km²，可由遥感图像获取。

3.2.7　河道分区生态需水量

对于较长的河流，其沿程的地质条件、水量、功能等方面存在着差异，所以不同河段所要求的河道需水量也存在着差异。为避免上下游区间、干支流区间的河道需水量存在的重复计算问题，用河道分区的方法来计算河道分区需水量。

根据河道水量平衡原理，区间 j 的河道分区需水量可以用区间上断面（控制断面 $j-1$）与下断面（控制断面 j）的河道需水量之差求得，分区生态需水量概化图见图 3.2。

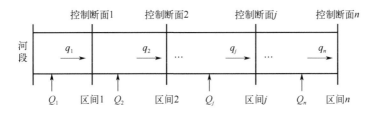

图 3.2　分区生态需水量概化图

以区间 2 为例说明河道分区需水量的计算方法。区间 2 的河道分区需水量等于控制断面 2 的河道需水量减去控制断面 1 的河道需水量，即 $Q_2 = q_2 - q_1$。

计算结果存在三种情况：

① $q_2-q_1>0$，说明河段 1 的河道需水量小于河段 2 的河道需水量，此时区间 2 的河道分区需水量为正，其值等于 q_2-q_1。

② $q_2-q_1=0$，即河段 1 的河道需水量等于河段 2 的河道需水量，区间 2 的河道分区需水量为零。

③ $q_2-q_1<0$，说明河段 1 的河道需水量大于河段 2 的河道需水量，区间 2 的河道分区需水量为负值。此时，河段 1 进入河段 2 的水量已经能够满足区间 2 的河道需水量，区间 2 不仅不需要向河段 2 提供河道需水量，而且还可以利用来自河段 1 的水量。

4

河流水量、水质调控模型

数学建模的过程是运用数学的语言，将物理、自然等过程的变化以数学表达式的形式表现出来，所构建的用来描述规律或关系等的数学表达式称为数学模型，对其进行求解、检验后，便可以应用于分析、预测等各种工程和科学研究中。借助数学工具和数学方法解决水环境问题是必需的，也是最快捷、最经济的。

河流的自净作用、支流排污口等点源、降雨径流等面源对河流水质有一定的影响。构建降雨径流模型、水动力模型的河流水量模型及水质模型，能够对河道的水量、水质变化规律进行分析，揭示支流及排污口、降雨径流及河道自净等因素对河流污染物浓度的影响作用。对河流水质水量联合调控进行研究，建立水质水量耦合模型，以水量调控为技术手段提高河流水质，从而对河流的水质改善方案进行预测，为河流水质污染防治以及修复河流已遭到破坏的生态功能提供必要的依据。

4.1　降雨径流模型

大气降雨与其形成的径流之间的定量关系，作为水文分析计算中的重要内容不可忽略。降雨径流模型可以根据已有的区域降雨资料，模拟携带污染物的雨水径流流入湖泊、河流、水库等水体的迁移转化（包括物理沉淀、生化反应等作用），从而用数学的语言表达径流污染、洪水形成、土壤侵蚀等过程，进行洪水预警及径流污染治理方案制定，达到防洪减灾、防止水土流失、控制径流带来的面源污染等目的。

三百多年前，法国对流域水量平衡开展了一个研究，成为近代水文学开端。其后，R. E. Horton 对降雨、蒸发、产流、坡面与河渠水力学等水文现象进行了研究，并得到了定量计算的公式。

1932 年，L. K. Sherman 提出了单位线法，进行了以净雨推求洪水过程的简单计算，结合 R. E. Horton 同年所提出的下渗理论，通过将降雨过程加入模型中，从而获得流域出流的流量过程线。

最初的降雨径流模型主要用于研究单个事件，随着国内外学者研究的深入，为更好地研究降雨径流的变化规律，降雨径流模型开始具备一定的物理条件。基于物理条件的降雨径流模型理论可以对降雨径流现象进行连续无标定的模拟。

电子计算机的发展使得数值计算速度与能力大幅提升，对水文模型的应用推广与发展起到了极大的作用。通过计算机将研究成果、理论和经验相结合来进行水文模拟的模型统称为概念性模型。这样，通过设置模型参数和修改模型的结构，便能解决流域上所有的汇流问题。国内外概念性的降雨径流模型有很多，并且还在不断地改进和发展。

20 世纪 60 年代，N. H. Crowford 和 R. K. Linsley 所提出的 Stanford 模型，为世界上第一个概念性水文模型，用于求得流域的出流、坡面流、蒸散发能力等，适用于湿润区域。Hydrocomp 模型是以 Stanford 模型为基础，又加入了部分模型，如水质、水量以及泥沙等，构成一个庞大的体系，被许多国家所采用。1961 年，菅原正已提出了 Tank（水箱）模型，并随后在模型中添加了融雪径流模块，对模型的结构进行了改善，提高了模型使用的灵活性，在日本各个河流有着广泛应用，并于 20 世纪 70 年代在全世界普及。

1970 年，美国气象局将 Stanford 模型改进为 Sacramento 模型，将其用于水文预报工作。该模型将各土层的土壤含水量明确划分为消耗于蒸散发的张力水和能够产流的自由水，并划分了地面径流、壤中流、地下径流等水源类型，既可适用于湿润地区亦可适用于干旱地区。

1971 年，美国环境保护署开发了 SWMM（暴雨洪水管理）模型，该模型基于水动力学原理，是一个动态的降雨径流模型，既能够用于城市暴雨洪流的模拟，也能模拟流域水质污染的过程。

1973 年，丹麦技术大学提出了 NAM（丹麦语"降雨径流"的缩写）模型，并由丹麦水利研究所（DHI）加入其研发的 MIKE ZREO 软件中，作为软件的一个模块被逐步完善。该模型是一个集总参数的概念性模型，分四层蓄水体对流域的产汇流进行模拟计算。

1984 年，我国河海大学水文系提出新安江模型，是一个分散式的概念性流域降雨径流模型，该模型以超蓄产流作为应用概念，经过不断改进和完善，在我国湿润和半湿润地带均取得了良好的应用。

1996 年在中国和丹麦合作的"长江中游暴雨洪水预报"项目中，NAM 模块作为水文模拟计算部分而被引进。NAM 模型是一种集总式概念性降雨模型，在模型建立过程中，需要模型中的相关参数、降雨量的变化，区域内地理区域和相对时间内的平均数值，将整个研究区域划归为一个集合的整体，对汇集区的回流进行统一的计算。与同类型降雨模型相比，其结构简单、参数模型相对较少，率定过程相对简便，适用于大中型流域，且可以进行径流水质污染模拟。

王振亚依据数字高程模型，进行研究区域的河网提取与子流域划分，并以此为基础应用新安江模型和 NAM 模型两个水文模型对研究区域进行模拟计算，分析比较新安江模型和 NAM 模型模拟结果。余有贵对已有新安江模型应用的珠江流域，建立了 NAM 模型，并取得了比较满意的效果。陈智洋等将 NAM 水文模型应用在鳌江流域洪水预报中，并较好地模拟了鳌江流域的水文过程。国外对于NAM 模型的应用已有较多的研究，Hormwichian Rattana 等根据逐日雨量和蒸发数据，建立 Chi 流域的 NAM 模型。利用研究区域内 3 个水文站的 5 年水文数据进行相关系数的率定，模拟结果较好，可用于计划和管理水资源项目。Kooprasert Kanda 等建立了 Nan 流域的 NAM 模型，根据模型的模拟计算结果与水文实测结果进行比较分析，通过调整相关模型，对调整结果进行灵敏度分析，为 NAM 模型的建立提供参考。

2012 年，张淑敏以浑河上游流域为研究对象，针对上游森林流域的水文地质特征，结合以超蓄产流作为应用概念的降雨径流理论作为模型基础，考虑森林植被覆盖率、蓄积量等变化因素，建立了符合森林流域特点的降雨径流模型，为深化研究流域森林水文特征提供了依据。

综上，降雨径流模型的发展，由解决单一事件简单模型向着多元化解决各类径流问题的复杂模型发展，随着计算机的发展，运用数值模拟的降雨径流模型目前普遍应用较多。

4.2 水动力模型

平原河网地区河流众多，湖泊分布密集，河流沿岸多分布经济和工业发达、人口众多的大中型城市，由于地势平坦，容易受洪涝的影响。自 20 世纪，工业生产技术发生了重大变革，河网地区工业迅猛发展，所带来的是城市人口呈几何倍数递增、经济迅速发展、城市人民生活区域不断扩张；河网水系被倾入大量各种未经处理的工业废水、生活污水和被污染的雨水，导致原本就脆弱的河网水环境迅速恶化，并对经济可持续发展造成了严重的威胁。防洪防涝、灌溉、水资源管理和水污染控制等加之以上所面临的严峻现实，都是科研人员亟须解决的一系列新挑战。河网地区有着区域面积大、水系众多和支流密布的特点，大多数情况下只能采用周期短、成果显著、经济的水力学数学模型模拟的方法。河网数学模型的建立以及模型方程组的求解，是数值模拟方法的核心问题，其中水动力模型是水质模型、输沙模型等其他模型的核心模型。

水动力模型作为研究河流水文变化规律的基础，不仅可以模拟河流、湖泊等水体中物质的传输、扩散及能量的转换等过程，通过模型中河道流量、水位的变化进而预测洪水的过程也在不断地发展。伴随计算机技术的快速发展，数值运算方法的日趋成熟，针对河流水动力模拟的研究逐渐从传统物理模型向数值模型转化，因具有建模周期短、投入少、操作直观简单等优势，数值模拟已发展到一个理论成熟、应用日益广泛的技术水平。

1871年，法国著名科学家 A.J.C.B.de 圣维南通过两个方程，水流的连续性微分方程（质量守恒定律）和动量微分方程（牛顿第二定律），建立了描述一维明渠渐变非恒定水流运动的基本微分方程组，即圣维南方程组（de Saint-Venant system of equations）。该方程组作为水动力数学模型的基本原理，为非恒定渐变流奠定了理论基础。针对较大型的流域，由于区域跨度大、地形较为复杂，河流径向尺度大，水流在径向上产生的变化远大于河宽及河床高程带来的横向和竖向变化，故适合选用一维水动力河网模型进行计算，即忽略河宽、河床高程带来的影响，仅关注水流径向上的水动力变化。长久以来，对于一维水动力模型的研究主要包括两个方面：针对水动力模型分类的研究和水动力模型理论基础即一维圣维南方程组求解问题。

通过对圣维南方程组的求解，可以进行研究区域水动力模型的数值计算。一百多年以来，国内外学者为了便于实际情况应用以及考虑多方面因素产生的影响，对方程组的基本假定作出了某些精进或简化，虽然衍生出了多种不同类型的表达形式，使方程组求解的方法得到了改进与创新，但方程组的实质核心并没有发生变化。

国外在对圣维南方程组的求解研究上，最早由 Stoker 在 1953 年采用特征线法对圣维南方程组进行了求解，并首次以圣维南方程组尝试进行了俄亥俄河流的洪水运算，该方法以偏微分方程的特征理论为基础，在所求问题较为简单的情况下可以求得方程的近似分析解，在所求问题较为复杂的情况下求得的数值解也具有很高的准确度。1975年，Liggett、Cunge 通过有限差分法对方程组进行了求解，该方法是以差分的形式来替代微分，用差商来近似求解原微分方程及定解条件。Sladkvich 将有限差分法应用到海洋环境中热量及污染物的运输，发现有限差分计算结果较特征线法更加精准，计算效率更高。1988年，Akabi 和 Katopodes 使用有限元法对完整的圣维南方程组进行了求解，并模拟了洪水波在干河床上的演进。

国内的研究于 1956 年由林秉南提出等时段特征线法进行方程组的求解，该方法较为简单、方便掌握，可以节省相当程度的计算量，为计算人员的使用提供了便捷的条件。1977年，李岳生等根据珠江网河的特点，提出了稀疏矩阵的求解方法，用于求解网河中非恒定流的隐式方程。1982年，张二骏等人在求解河网非恒定流的隐式时，对于如何处理系数矩阵以及压缩其尺度、便于通过计算机运行，提出了三级联合法，缩小了系数矩阵的计算尺度，且曾应用于上海郊区水网及长江下游地区的水力计算，并取得了成功。2001年，徐小明等人提出了河网非恒定流的松弛算法。2007年，王领元使用丹麦水利研究所开发的Mike11软件，对一入海口的河网断面流量和水位进行了率定，该软件以圣维南方程组为计算基础，适用于简单和复杂河流系统的模拟分析、管理和调度，结果显示模拟值与实际测量值较为吻合，证明该软件不仅简单易于操作，计算精确度和效率亦较好。2009年，杨开林提出了基于图论的河网非恒定流计算方法。2016年，周旭等人使用Mike11软件建立了南通平原河网的水动力模型，利用实测水文数据对该模型进行了率定与验证，为实际工程提供了重要的参考与意见。2018年，李勇志等人通过研究有限差分法对河道洪水水位的计算，以效率比和加速比对该方法的效率进行校验，结果表明计算效率有较大的提高。

综上所述，学者们对水动力模型的研究方向主要集中在对方程组的求解上，随着时代不停发展，计算机水平的稳步上升，不同的数值模拟方法的精度、操作便利度也在不断地上升。为改善模型计算求解烦琐、低效的过程，现已开发出多种软件包，如现在已经比较成熟的Mike、SMS、WASP、QUAL2、Fluent等。

4.3 水质模型

水质模型，即用来描述物理、化学、生物等因素反应的随时间和空间变化关系的数学表达式，通过对表达式的求解建立的水质数学模型，可以为水环境水质预测、水污染综合防治规划的研究提供科学依据。水体中的污染物质排放到水体后，扩散过程受河流水动力的影响，在水体中不断迁移，而污染物质在水体中的生物降解和稀释过程在物理、化学、水动力、蒸发、降雨等多因素的影响下，会产生化学、物理和生物等方面的演化。将这些影响因素间相互影响的定量关系以具体的形式表现出来，就是建立水质模型的目的。

在水质模型的研究过程中，重金属、水温、盐度等水质要素可以分别单独建立相关的水质模型，而水体中的生化需氧量、氨氮、亚硝酸盐、总磷、溶解氧等水质要素，因为同时受到化学、物理、生物等多因素的影响，其相互间存在着关联关系，不能分开单独考虑，需要建立反映其相互间变化关系的水质模型。通过将模型边界处的实测流量、水位、污染物浓度等所需数据输入模型，模拟出模型范围内水体中污染物质的时空变化情况，根据实测数据来验证模型的精确度，调整相关参数，使其能较好地反映出污染物质实际的变化情况。以实际目标为出发点，对模型边界处的污染物流量和浓度进行调整控制，用验证过的正确水质模型进行模拟，就可以得出控制方案实际效果，因此，在制定水污染控制方案和预测水体水质方面，水质模型具有重大的意义。根据所需建立水质模型的不同标准，水质模型可有以下几种分类：

① 以时空结构划分，模型包括：零维数学模型、一维数学模型、二维数学模型、三维数学模型及高维数学模型。

② 以是否包含模型时间变量划分，模型包括：稳定模型和动态模型。动态模型一般用来描述水质随时间变化的情况。

③ 根据构建模型的影响因素划分，模型包括：单独影响因素模型和多因素相互制约模型。在实际研究过程中，仅考虑单一影响因素的简单模型占很小的一部分，大多数实际情况下，因为因素间的相互影响，一般都会构建多因素模型。有时，也可以把多因素分割为单因素加以研究，对多因素进行比较。

④ 以研究对象划分，模型包括：地表水模型和地下水模型。一般对地表水模拟进行得比较多，河流、湖泊、海湾、水库、湿地、受近海潮汐影响的河口模型等都属于地表水模型。

⑤ 以数学工具划分，模型包括：神经网络模型、随机模型、规划模型、灰色模型、模糊模型、确定性模型和遗传算法模型等。

⑥ 以模型不同的应用方向划分，模型包括：突发性污染应急调控模型、水质预测模型和水资源管理模型等。

⑦ 以模型的数据获取方式划分，模型包括：经验模型和物理模型。经验模型的模型结构、方程求解简单，数据获取方式主要是实地观察和实验获取；物理模型主要依靠理论公式建立，但需要大量的数据来率定相关参数。

国外学者最早于 20 世纪初期开始对水质模型进行研究，用以研究水体中物质的迁移扩散与转化。自 1925 年 H.Streeter 和 E.Phelps 建立了世界上第一个有机污染的河流水质模型（即 S-P 模型）后，国际上针对水质模型的研究进展大致分为以下几个阶段：

阶段一（1925～1965 年）：研发出了较为简单的 BOD-DO 双线性系统模型，仅考虑生化耗氧和复氧过程，能够对河流、河口等问题进行简单的一维计算，包括：Lis（1962）、Camps（1963）、Dobbins（1964）等模型。

阶段二（1965～1970 年）：对生化耗氧过程的深入剖析以及计算机的发展应用，让原有水质模型的计算方法从一维向着二维迈进，从双线性系统增至六个线性系统，增量包括有机氮、氨氮、硝酸盐氮、亚硝酸盐氮等变量，如 O'Conner 模型。一些随机的水质模型如 Loucks-Lynns（1966）、Thomanns（1967）、Thayer-Krotehoffs（1967）等开始出现。

阶段三（1970～1980 年）：1971 年，美国建立了相当于五个水质方程情况的
QUAL-Ⅰ模型，并取得了较为成功的应用。在此模型基础上，1973 年 Grenney 等
人又开发了 QUAL-Ⅱ河流水质综合模型，并于 1976 年进行了修正。该模型状态
变量包括水温、藻类、可溶性磷、三种难降解惰性物质和一种任选的可衰减物质
等。模型能够反映出生态系统的水生生物量与有毒物质的富集和转化、底泥中的
微生物与水体中污染物的交换、水相与固相之间的交替等。QUAL-Ⅱ模型可用来
研究非点源污染问题，以及河流水质受入河污水负荷的影响，适用于多支流、排
污口的枝状河流，目前在水环境规划和河流的水质预测方面具有较多的应用。

阶段四（1980～1985 年）：此阶段，多介质模型迅速发展，出现了多种不同
模拟特征的水质模型，如多介质模拟、多维动态模拟、形态模拟等。同时，该阶
段水质评价准则与标准的制定使得形态模型兴起，如 1980～1982 年 Forstner 和
Lawrence 分别进行了重金属污染物、有机污染物的形态模拟研究。

阶段五（1985 年至今）：该阶段的特点是，水质模型开始广泛应用于各种实
际工程，并且大多数模型是在原有模型的基础上进行了改善和修正，以适应实际
应用的需求。如 20 世纪 70 年代的 QUAL 模型逐步发展，得到了 QUAL2E（1985
年）、QUAL2K（2002 年）等适应性更强的新模型。90 年代以后环境水力学理论
的成熟使得其与计算机、天文、气象等学科的联系逐渐密不可分，对水质模型的
研究起到了促进作用。与此同时，计算机技术飞速发展，图形可视化技术使得水
质模型应用的领域更为广泛。随机数学、人工神经网络等多种新方法也相继被引
入了水质模型的研究，极大地丰富了水质模型的方法体系。

国内也开展了较多的研究。1997 年，何秉宇建立了符合干旱地区河流水文特
性的水质模型，并应用于新疆水磨河的动态水质模拟，该模型含有三种水质要素，
即氨氮、DO、碳化 BOD_5。1998 年，金钟青等人在建立平原河网的水质模型时使
用了组合单元法，并将该模型用于江苏南通的河网中。2001 年，徐小明等人在构
建大型河网的水动力水质模型时采用了松弛迭代法，并应用于上海市的河网中。
2001 年，李莹等人以自适应神经网络为基础，进行了东江惠州段水质预测建模，
验证结果表明该方法预测精度高，且简单易操作，使用范围广。2002 年，彭虹等
人以汉江下游河段为研究对象，建立了包含八种要素的生态模型，采用有限体积
法对方程组进行了求解。2003 年，徐祖信等人在对流扩散方程的基础上建立了平
原感潮河网水质模型，并且对模型中参数的灵敏度进行了详细的分析。2007 年，
王艳等人建立了包含水动力学、富营养化动力学以及守恒物质对流扩散模型在内
的浅水水体生态修复模型，并应用于某水库的蚌类水体水质修复，其模拟效果显
示蚌类可以明显减轻水体中氮磷的负荷，对于修复富营养化水体有着良好的作用。

2013 年，张硕利用 Mike11 软件的水质生态模拟实验室模块（Ecolab），模拟了辽河流域污染物的迁移转化，模拟结果接近实测，展现出了 Mike11 水质模拟在大河流域的应用优势。2015 年，范兴业等人利用 Mike11 模型对连云港东部城区进行了调水水质模拟。

上述提及的水质模型均可用于实际河流水质的模拟，国内外水质模型的差异，不在于模型建立的方法，而在于模型的实用性以及全面性，因此针对不同的污染物指标以及污染程度的不同，要选择恰当的水质模型。利用所建立的水动力水质模型，解决了大量实际问题，如河网地区的防洪防涝、水资源调度、泥沙运输和污染物预测等。随着计算机技术的迅猛发展，一大批界面友好、操作简便、功能强大的水动力水质模型软件被开发出来，如丹麦水利研究所开发的 Mike、美国陆军工程兵团开发的 CE-QUAL-R、美国环保局开发的 QUAL 和 WASP 等模型软件。

4.4　水质水量耦合模型

传统的水资源配置只考虑到水量的问题，忽略了水质的影响，因而水资源的利用率较低。水量与水质是水资源的两个重要属性，二者互相制约，水质问题也逐渐成为水量短缺的重要原因。因此，只有通过水质水量的联合分配，才能达到充分利用水资源和保护生态环境的目的。水质水量联合调控技术是解决河流水质污染的一个快速有效的措施，联合调控方案是否准确取决于所建立的水质水量耦合模型是否反映河流的实际现状情况。水质水量耦合模型包括非恒定流一维水动力模型、模拟一维扩散、降解的水质模型以及水质水量耦合模型。任何单一的模型在解决复杂河网的实际问题中都有一定的局限性，因此有必要将水动力、水质模型进行耦合集成。

国外学者对水质水量耦合模拟十分关注。1985 年，Loftis 等人以水量模型和优化模型为基础对湖泊进行了水质水量优化调度的研究。从 20 世纪 90 年代开始，由于水体污染和水资源危机等问题，以满足水量和经济效益最优的调度方式已经不能满足人类的需要，国外开始将研究重点放在水质约束、生态保护以及水资源循环利用等方面。1990 年，Pingry 等人开发了水质水量联合优化调度模型，进而分析了水量分配的规划以及生态环境治理等方面的问题。1996 年，Willey 等人以防汛、河流污染防治、水力发电等为目标，建立了水质水量联合调度模型，并研究了水量的调度对上述目标的影响。1997 年，Avogadro 等人在建立水量调度模型时加入了水质约束条件，在水量模型的基础上对水质情况进行了模拟，并且分析了水量的调配对水体中污染物浓度的影响。2000 年，Azevedo 等人以 QUAL2E-UNCAS 水质模型作为基础，建立了水质水量耦合模型并在流域规划中得到了应用。2008 年，Se Woong 等人以 Geum 河为研究区域，通过控制不同的放水量来观察污染物的浓度变化，并且通过实测数据对模型进行了验证。

国内的生态环境遭到严重破坏以后，专家们逐渐意识到水质水量联合调度的重要性。1996 年，徐贵泉等人建立了河网水质水量耦合模型，该模型能够准确模拟出河流水量、水质随时间、空间的变化规律，也能够模拟出水体中污染物在好氧、缺氧、厌氧条件下相互影响的变化规律。2003 年，张文鸽建立了区域的水质水量优化模型，并采用 Matlab 优化工具对模型进行了求解，以濮阳市作为研究对象进行了水质水量优化配置的研究。2007 年，牛存稳等人在 WEP-L 水文模型、泥沙运输模型和污染物迁移转化模型的基础上，建立了河流水质水量耦合模型。2009 年，刘玉年等人以淮河流域为研究对象，考虑了复杂河网、水工建筑物等特点，建立了一维、二维的水质水量耦合模型。2010 年，游进军等人分析了水质水量耦合模拟对现有水资源状况管理的重要性，对联合调控的方法进行了归纳，也对主要调控技术进行了简介。同年，张永勇等人建立了 SWAT 模型，该模型以水质偏差最小为调度目标，并以温榆河为研究区域建立了闸坝优化调度模型，得到了很好的模拟结果。2011 年，马强等人基于 Mike11 的生态模拟模块（Ecolab），建立了以梁河滩流域为例的水质水量综合模型，用于分析不同预案对该流域水质改善的效果，探究流域水体治理的侧重点。张慧云等人建立了有多闸坝存在下的水质水量联合调度模型，并以沙颍河为研究对象，分析了不同情况下闸坝之间的相互关系。2012 年，马常仁等人以水质、水量为约束条件，以水质偏差最小、缺水量最少为目标，建立了耦合模型，应用于沙颍河水质水量联合调度，为污染防治提供了有力的依据。2014 年，何刘鹏引入 Source 模型建立了水质水量一体化的调控模型，并以黄河支流祖厉河为例提出了水质水量优化配置的方案。2017 年，张斯思基于 Mike11 软件的三个模块：降雨径流（NAM）、水动力（HD）、对流扩散（AD），以 COD、氨氮作为水质指标建立了涡河流域的水质水量模型，并结合 m 值法对水环境容量进行计算，针对不同方案（截污、污水厂改造等）对流域水质改善效果进行了预测。

目前，在时间尺度上，水质水量耦合模型从单一水期逐渐向汛期、非汛期耦合调度发展；在空间尺度上，水质水量耦合模型逐渐从单一河道的干流调度向带有支流的复杂河网调度发展；在研究对象上，模型逐渐从单一的水量模型发展为水质水量耦合模型，且模型维数从一维、二维逐步发展为三维。

5

生态需水量测算技术与应用

针对辽宁省浑河流域沈抚段区域生态需水问题，在河流水文情势及环境流特征分析的基础上，开展污染物通量及生态环境需水量研究，为浑河沈抚段水资源合理配置及河流生态调度提供依据。

5.1 断面选取和河道分区

根据《辽宁省主要水系地表水环境功能区划》，辽宁省水环境功能区分为源头水域、自然保护区、饮用水水源保护区、渔业用水区、景点休闲用水区、工业用水区、农业用水区及混合区8种类型。根据其中的浑河水系地表水环境功能区划，抚顺和平桥至东陵大桥区段全长26.3km，功能区类型为景观娱乐用水区，水质执行标准为Ⅳ类；东陵大桥至沈大铁路桥区段全长19.2km，功能区类型为饮用水水源保护区，水质执行标准为Ⅲ类。浑河流域沈抚段区域即为和平桥至长青桥之间的水域，完全落在以上两个功能区内，如图5.1所示。

图5.1 浑河流域沈抚段区域示意图

另外，为实现科学调控河道径流、实施流域生态调度，主要考虑研究区域内的水利工程情况，在进行实地调研、专家咨询等工作的基础上，综合考虑闸坝控制河道流量的作用、能否完成联合调度及其他各种因素，最终选取高阳橡胶坝、下伯官拦河坝、干河子拦河坝及王家湾橡胶坝4座重点闸坝作为控制断面。

因此，综合考虑辽宁省水环境发展规划及生态调度的可行性，将研究区域划分为6个区，编号为1#～6#，以这些区段为单元进行分析，各区段详细信息见表5.1。

表5.1 浑河流域沈抚段区域详细信息

序号	区间	长度/km	面积/m²	水质目标	
				近期水质目标	远期水质目标
1#	和平桥至高阳橡胶坝	3.2	1159461	Ⅳ类	Ⅳ类
2#	高阳橡胶坝至下伯官拦河坝	6.7	2265530	Ⅳ类	Ⅳ类

序号	区间	长度/km	面积/m²	水质目标	
				近期水质目标	远期水质目标
3#	下伯官拦河坝至干河子拦河坝	5.0	2275960	Ⅳ类	Ⅳ类
4#	干河子拦河坝至东陵大桥	3.5	1604508	Ⅳ类	Ⅳ类
5#	东陵大桥至王家湾橡胶坝	5.1	2312747	Ⅳ类	Ⅲ类
6#	王家湾橡胶坝至长青桥	4.9	3043108	Ⅳ类	Ⅲ类

5.2　水文情势分析

研究区域内人类活动主要为建设水利工程，三十年间研究区域内共建设了 4 处重点水利工程，从上游到下游依次为高阳橡胶坝、下伯官拦河坝、干河子拦河坝及王家湾橡胶坝。基于 IHA 的 RVA 法，根据 1993～2012 年共计 20 年的日流量数据，以水利工程建设时间为界，将水文分析序列分为两个区间，分析人类活动前后水文特征变化。

5.2.1　高阳橡胶坝断面水文特征分析

根据高阳橡胶坝的建设时间（2008 年），将高阳橡胶坝断面的 1993～2012 年日流量序列分为 1993～2007 年、2009～2012 年两个变动水文序列。根据 RVA 分析方法，对高阳橡胶坝断面 32 个水文指标进行分析统计，见表 5.2。

表 5.2　高阳橡胶坝断面 32 个水文指标统计

水文改变指标（IHA）		干扰前	RVA 阈值		干扰后	变化率/%	水文改变度
			下限	上限			
第一组	1 月平均流量	9.40	7.34	11.57	31.32	233.04	−50（M）
	2 月平均流量	9.16	5.68	12.37	9.88	7.80	0
	3 月平均流量	12.02	8.66	15.39	12.45	3.56	50（M）
	4 月平均流量	15.53	10.40	20.50	20.77	33.74	50（M）
	5 月平均流量	114.57	92.80	138.63	145.64	27.12	0
	6 月平均流量	86.13	39.62	123.16	69.18	−19.67	100（H）

续表

水文改变指标（IHA）		干扰前	RVA 阈值		干扰后	变化率/%	水文改变度
			下限	上限			
第一组	7 月平均流量	115.63	53.19	165.35	125.11	8.20	0
	8 月平均流量	150.17	69.08	214.74	314.53	109.45	−50（M）
	9 月平均流量	33.94	15.61	48.53	47.86	41.00	0
	10 月平均流量	13.80	6.35	19.74	30.31	119.61	50（M）
	11 月平均流量	11.01	5.07	15.75	22.54	104.71	50（M）
	12 月平均流量	9.75	6.83	12.58	37.97	289.43	0
第二组	最小 1 日流量	5.92	4.85	7.10	6.41	8.28	0
	最小 3 日流量	6.25	5.13	7.50	6.84	9.44	0
	最小 7 日流量	6.41	5.25	7.69	7.17	11.86	0
	最小 30 日流量	6.45	5.29	7.75	7.37	14.26	50（M）
	最小 90 日流量	7.24	5.94	8.69	7.69	6.22	50（M）
	最大 1 日流量	617.15	394.98	833.15	691.35	12.02	−50（M）
	最大 3 日流量	597.18	382.20	806.19	670.67	12.31	−50（M）
	最大 7 日流量	493.85	316.06	666.70	644.52	30.51	−50（M）
	最大 30 日流量	167.15	106.98	225.65	255.17	52.66	−50（M）
	最大 90 日流量	103.42	66.19	139.62	163.96	58.54	0
	断流天数	0	0	0	0	0.00	0
第三组	最小流量出现时间	12	9.27	21.81	29	141.67	−50（M）
	最大流量出现时间	138	106.52	180.08	218	57.97	−50（M）
第四组	低流量次数	6.5	5.21	7.14	6	−7.69	50（M）
	低流量持续时间	5.5	5	7	6.5	18.18	50（M）
	高流量次数	9	9	10	9.5	5.56	50（M）
	高流量持续时间	3	2.75	5.10	3	16.67	50（M）
第五组	上升率	10.06	8.63	12.15	15.59	54.97	−50（M）
	下降率	−8.48	−10.22	−7.56	−13.42	58.25	−50（M）
	反转数	62	54	71	73	17.74	0

注：1.定义 L=低度改变；M=中度改变；H=高度改变。

2.上升率（下降率）表示某日流量相对于前一日流量的平均上升（下降）百分比。

3.表中各参数的单位分别为：月平均流量及极端流量，m³/s；极端流量出现时间，日；极端流量次数，次；流量变化率，%；反转数，次。

由表 5.2 可以看出，第一组参数：除 6 月份，其余各月平均流量呈增加态势，且变化率较大，1 月、12 月月均流量变化率超过 200%；6 月份水文改变度最大。第二组参数：受人类影响后最小、最大流量参数均呈增加态势，水文改变度处于无改变或中度改变。此外，研究年际内均无断流天数，表明研究断面附近不会存在大规模的生物死亡。第三组参数：年最小流量出现时间略微延迟，年最大流量出现时间延迟较多，且两个指标落在 RVA 阈值范围内的年数均比期望值低，时间尺度上的差异较明显。第四组参数：极端流量发生次数及持续时间均处于中度改变。干扰后，低流量次数减少，持续时间增长；高流量次数同样增加，持续时间维持不变。第五组参数：上升率、下降率参数受人类影响呈中度改变，但干扰后大多数年的两个指标未落在 RVA 阈值范围。流量逆转次数指标变化不明显，干扰后变化率及水文改变程度均较低。

5.2.2 下伯官拦河坝断面水文特征分析

由于下伯官拦河坝的建成时间较早，1998 年曾进行大规模整修，因此将下伯官拦河坝断面的 1993～2012 年日流量序列分为 1993～1997 年、1999～2012 年两个变动水文序列。根据 RVA 分析法，对下伯官拦河坝断面 32 个水文指标进行分析统计，见表 5.3。

表 5.3 下伯官拦河坝断面 32 个水文指标统计

水文改变指标（IHA）		干扰前	RVA 阈值		干扰后	变化率/%	水文改变度/%
			下限	上限			
第一组	1 月平均流量	13.11	10.22	16.12	14.56	11.10	−100（H）
	2 月平均流量	12.37	7.67	16.69	8.55	−30.84	14.28（L）
	3 月平均流量	15.17	10.92	19.42	11.39	−24.94	−57.14（M）
	4 月平均流量	21.25	14.24	28.05	15.59	−26.64	−57.14（M）
	5 月平均流量	105.75	85.66	127.95	126.60	19.72	42.86（M）
	6 月平均流量	123.75	56.93	176.97	67.04	−45.82	14.28（L）
	7 月平均流量	199.50	91.77	285.28	89.27	−55.25	−57.14（M）
	8 月平均流量	293.13	134.84	419.18	154.05	−47.45	−100（H）
	9 月平均流量	54.30	24.98	77.66	27.29	−49.75	−71.43（H）
	10 月平均流量	19.07	8.77	27.27	17.93	−5.96	57.14（M）
	11 月平均流量	14.74	6.78	21.07	13.56	−7.99	57.14（M）
	12 月平均流量	12.11	8.47	15.62	17.05	40.84	0

续表

水文改变指标（IHA）		干扰前	RVA 阈值		干扰后	变化率/%	水文改变度/%
			下限	上限			
第二组	最小 1 日流量	6.46	5.29	7.75	6.51	0.77	14.28（L）
	最小 3 日流量	6.65	5.45	7.98	6.85	3.01	−28.57（L）
	最小 7 日流量	7.21	5.91	8.65	7.29	1.11	−71.43（H）
	最小 30 日流量	8.18	6.71	9.87	7.97	−2.57	0
	最小 90 日流量	8.99	7.37	10.79	8.78	−2.34	−14.28（L）
	最大 1 日流量	680.99	435.83	919.34	641.88	−5.74	−57.14（M）
	最大 3 日流量	586.15	375.14	791.30	621.67	6.06	−57.14（M）
	最大 7 日流量	421.62	269.84	569.19	544.07	29.04	−28.57（L）
	最大 30 日流量	186.44	119.32	251.69	215.21	15.43	−28.57（L）
	最大 90 日流量	99.12	81.27	118.94	128.20	29.33	−14.28（L）
	断流天数	0	0	0	0	0.00	0
第三组	最小流量出现时间	110	90.2	132	48	−56.36	−57.14（M）
	最大流量出现时间	216	177.12	259.2	164	−24.07	−28.57（L）
第四组	低流量次数	8	8	9	9	12.50	28.57（L）
	低流量持续时间	5	4.13	7.12	6	20.00	28.57（L）
	高流量次数	7.5	7	8	9.5	26.67	57.14（M）
	高流量持续时间	3	2.75	5.10	3	0.00	28.57（L）
第五组	上升率	10.32	8.46	12.38	17.85	72.96	−71.43（H）
	下降率	−8.06	−9.67	−6.61	−10.95	35.86	−57.14（M）
	反转数	85	69.7	102	68	−20.59	−28.57（L）

注：1.定义 L=低度改变；M=中度改变；H=高度改变。

2.上升率（下降率）表示某日流量相对于前一日流量的平均上升（下降）百分比。

3.表中各参数的单位分别为：月平均流量及极端流量，m³/s；极端流量出现时间，日；极端流量次数，次；流量变化率，%；反转数，次。

由表 5.3 可以看出，第一组参数：除了 1 月、5 月、12 月，各月平均流量呈现减小态势，7 月月均流量指标变化率最大，为 55.25%；干扰后大多数月平均流量未落在 RVA 阈值范围内，1 月、8 月水文改变度最大。第二组参数：水利工程建设后最小流量参数变化幅度较小；除最大 1 日流量，其余最大流量参数呈现上升趋势；仅最小 1 日流量落在 RVA 阈值范围内的年数比期望值高，最小、最大流量受干扰程度较大。此外，在变化前后无断流天数。第三组参数：年极端流量出现时间均发生提前，若每月平均按 30.4 天计算，年最小流量出现时间由 4 月中旬提前到 2 月中旬，年最大流量出现时间由 8 月上旬提前到 6 月中旬。第四组参数：除高流量次数指标外，其他三个参数的水文改变度均为低度改变。干扰后低流量、高流量发生次数均增加，低流量持续时间延长，高流量持续时间未变。第五组参数：上升率及下降率参数发生显著性变化，水文改变较显著，下降率为中度改变，反转数指标水文改变度较小，为低度改变。

5.2.3 干河子拦河坝断面水文特征分析

根据干河子拦河坝的建设时间（1996 年），将干河子拦河坝断面的 1993～2012 年日流量序列分为 1993～1995 年、1997～2012 年两个变动水文序列。根据 RVA 分析方法，对干河子拦河坝断面 32 个水文指标进行分析统计，见表 5.4。

表 5.4　干河子拦河坝断面 32 个水文指标统计

水文改变指标（IHA）		干扰前	RVA 阈值		干扰后	变化率/%	水文改变度/%
			下限	上限			
第一组	1 月平均流量	14.17	11.05	17.43	14.47	2.14	−75.00（H）
	2 月平均流量	12.26	7.60	16.55	9.29	−24.24	37.50（M）
	3 月平均流量	16.49	11.88	21.11	11.69	−29.14	−50.00 （M）
	4 月平均流量	19.95	13.37	26.33	16.69	−16.36	−50.00 （M）
	5 月平均流量	89.41	72.43	108.19	118.12	32.10	−62.50（M）
	6 月平均流量	113.56	52.24	162.39	65.07	−42.70	12.50（L）
	7 月平均流量	270.75	124.55	387.18	85.73	−68.34	−62.50（M）
	8 月平均流量	304.35	140.00	435.22	152.30	−49.96	−87.50（H）
	9 月平均流量	67.96	31.26	97.19	28.81	−57.61	−75.00（H）
	10 月平均流量	25.09	11.54	35.88	18.64	−25.72	−25.00（L）
	11 月平均流量	19.95	9.18	28.53	14.02	−29.71	50.00 （M）
	12 月平均流量	15.68	10.97	20.22	16.68	6.40	−50.00 （M）
第二组	最小 1 日流量	5.46	4.48	6.55	4.82	−11.72	−25.00（L）
	最小 3 日流量	5.90	4.84	7.08	5.88	−0.34	0
	最小 7 日流量	6.18	5.07	7.42	6.04	−2.26	0
	最小 30 日流量	7.83	6.42	9.40	6.23	−20.43	12.50（L）
	最小 90 日流量	8.86	7.27	10.63	7.08	−20.09	12.50（L）
	最大 1 日流量	934.65	598.18	1261.78	623.39	−33.30	−62.50（M）

续表

水文改变指标（IHA）		干扰前	RVA 阈值		干扰后	变化率/%	水文改变度/%
			下限	上限			
第二组	最大 3 日流量	645.78	413.30	871.80	577.92	−10.51	−62.50（M）
	最大 7 日流量	478.40	306.18	645.84	506.87	5.95	−50.00 （M）
	最大 30 日流量	229.64	146.97	310.01	202.89	−11.65	−50.00 （M）
	最大 90 日流量	142.21	91.01	191.98	128.20	−9.85	−50.00 （M）
	断流天数	0	0	0	0	0.00	0
第三组	最小流量出现时间	91	74.62	109.20	38	−58.24	−25.00（L）
	最大流量出现时间	154	125.82	184.80	212	37.66	−62.50（M）
第四组	低流量次数	8	8	9	8	0.00	25.00（L）
	低流量持续时间	5	4.13	7.12	6	20.00	50.00 （M）
	高流量次数	7	7	8	8.5	13.33	50.00 （M）
	高流量持续时间	3	2.75	5.10	3	0.00	25.00（L）
第五组	上升率	12.02	9.86	14.43	15.95	32.69	−25.00（L）
	下降率	−9.12	−10.94	−7.48	−13.80	51.32	−75.00（H）
	反转数	83	68.02	99.60	71	−14.46	0

注：1.定义 L=低度改变；M=中度改变；H=高度改变。

2.上升率（下降率）表示某日流量相对于前一日流量的平均上升（下降）百分比。

3.表中各参数的单位分别为：月平均流量及极端流量，m³/s；极端流量出现时间，日；极端流量次数，次；流量变化率，%；反转数，次。

由表 5.4 可以看出，第一组参数：大多数月流量均值呈现减小态势，7 月份变化率最大，为 68.34%；水利工程建设后仅 2 月、6 月、11 月月均流量参数落在 RVA 阈值范围内的年数比期望值高。第二组参数：与最小流量有关的参数在干扰后均比干扰前小，水文改变度为低度改变；与最大流量有关的参数落在 RVA 阈值范围内的年数比期望值低，水文改变度均为中度改变。第三组参数：最小流量出现时间发生提前，最大流量出现时间发生延迟，每月按 30.4 天计算，年最小流量出现时间由 3 月下旬提前到 2 月上旬，年最大流量出现时间由 6 月上旬延迟到 7 月下旬。第四组参数：低流量发生次数无变化，高流量次数增加；低流量持续时间延长，高流量持续时间无变化。第五组参数：上升率、下降率参数落在 RVA 阈值范围内的年数比期望值低，下降率的水文改变度最大，为−75.00%。

5.2.4　王家湾橡胶坝断面水文特征分析

根据王家湾橡胶坝的建设时间（2004 年），将王家湾橡胶坝断面的 1993～2012 年日流量序列分为 1993～2003 年、2005～2012 年两个变动水文序列。根据 RVA 分析方法，对王家湾橡胶坝断面 32 个水文指标进行分析统计，见表 5.5。

表 5.5　王家湾橡胶坝断面 32 个水文指标统计

水文改变指标（IHA）		干扰前	RVA 阈值		干扰后	变化率/%	水文改变度/%
			下限	上限			
第一组	1 月平均流量	10.84	8.46	13.34	20.42	88.28	−50.00（M）
	2 月平均流量	10.76	6.67	14.53	9.94	−7.63	25.00（L）
	3 月平均流量	12.65	9.10	16.19	14.09	11.40	0
	4 月平均流量	15.82	10.60	20.88	24.20	52.96	−25.00（L）
	5 月平均流量	90.45	73.27	109.45	133.11	47.15	−50.00（M）
	6 月平均流量	69.80	32.11	99.81	74.86	7.25	50.00（M）
	7 月平均流量	106.94	49.19	152.92	140.63	31.51	−50.00（M）
	8 月平均流量	158.05	72.70	226.01	267.71	69.38	−75.00（H）
	9 月平均流量	34.61	15.92	49.49	39.92	15.35	50.00（M）
	10 月平均流量	17.03	7.83	24.35	28.32	66.36	50.00（M）
	11 月平均流量	12.92	5.94	18.48	20.24	56.63	50.00（M）
	12 月平均流量	11.20	7.84	14.44	25.36	126.49	25.00（L）
第二组	最小 1 日流量	5.11	4.19	6.13	5.14	0.58	−50.00（M）
	最小 3 日流量	6.24	6.75	6.88	6.39	2.40	−50.00（M）
	最小 7 日流量	6.53	6.99	7.23	6.54	0.15	−50.00（M）
	最小 30 日流量	6.82	6.44	8.38	7.14	4.69	0
	最小 90 日流量	7.73	7.05	8.47	8.08	4.53	−50.00（M）
	最大 1 日流量	579.36	370.79	782.13	785.13	35.52	−50.00（M）
	最大 3 日流量	487.99	312.31	658.78	719.11	47.36	−50.00（M）
	最大 7 日流量	417.43	267.16	563.53	597.97	43.25	−50.00（M）
	最大 30 日流量	186.96	119.65	252.39	286.59	53.29	−25.00（L）
	最大 90 日流量	104.89	67.13	141.60	121.73	16.05	−25.00（L）
	断流天数	0	0	0	0	0.00	0

水文改变指标（IHA）		干扰前	RVA 阈值		干扰后	变化率/%	水文改变度/%
			下限	上限			
第三组	最小流量出现时间	69	56.58	82.80	25	−63.77	−50.00（M）
	最大流量出现时间	142	116.40	170.40	161	13.38	25.00（L）
第四组	低流量次数	8	8	9	8	0.00	50.00（M）
	低流量持续时间	5	4.10	7.21	5.5	10.00	0
	高流量次数	7	7	8	9.5	35.71	−50.00（M）
	高流量持续时间	3	2.73	5.06	5	66.67	−75.00（H）
第五组	上升率	8.46	6.93	10.15	15.91	88.06	−50.00（M）
	下降率	−6.92	−7.58	−5.18	−11.83	−70.95	−75.00（H）
	反转数	76	65.93	85.68	70	−7.89	50.00（M）

注：1.定义 L=低度改变；M=中度改变；H=高度改变。

2.上升率（下降率）表示某日流量相对于前一日流量的平均上升（下降）百分比。

3.表中各参数的单位分别为：月平均流量及极端流量，m³/s；极端流量出现时间，日；极端流量次数，次；流量变化率，%；反转数，次。

由表 5.5 可以看出，第一组参数：除 2 月外，干扰后其余各月平均流量均有不同幅度增加，12 月增加幅度最大，变化率达到 126.49%。第二组参数：除最小 30 日流量和断流天数外，其余参数落在 RVA 阈值范围内的年数均比期望值低。干扰后与最大流量有关的参数均比干扰前高，最大 30 日流量增长率达到 53.29%。第三组参数：最小流量出现时间发生提前，最大流量出现时间发生延迟，每月按 30.4 天计算，年最小流量出现时间由 3 月上旬提前到 1 月下旬，年最大流量出现时间由 5 月下旬延迟到 6 月上旬。第四组参数：干扰前后除低流量次数无变化外，其余参数均存在不同程度的提高，高流量参数持续时间增长率为 66.67%，为高度改变。第五组参数：上升率、下降率及反转数的水文改变度总体较高，均发生明显变化。

5.2.5 整体水文改变度分析

采用加权平均法分别计算高阳橡胶坝、下伯官拦河坝、干河子拦河坝及王家湾橡胶坝四个断面各组 IHA 指标的整体水文改变度及断面整体水文改变度，计算结果见表 5.6。

表 5.6 各断面整体水文改变度计算结果

断面名称	各组水文改变度					整体水文改变度
	第一组	第二组	第三组	第四组	第五组	
高阳橡胶坝	69.75%	42.27%	50.00%	50.00%	44.33%	68.03%
下伯官拦河坝	72.86%	67.10%	45.07%	39.03%	68.48%	69.37%
干河子拦河坝	70.04%	43.00%	47.75%	41.50%	69.67%	68.39%
王家湾橡胶坝	67.67%	43.82%	41.50%	69.00%	69.67%	67.75%

由表 5.6 可以看出，高阳橡胶坝等四个监测断面的第一组 IHA 指标均为高度改变，说明河流流量稳定性降低，生物栖息环境发生改变，生物多样性降低。四个监测断面的第二组 IHA 指标为中度、高度改变，极端流量年际波动，河流生态系统稳定性降低，河道地貌发生较大改变。第三组 IHA 指标均为中度改变，极端流量发生时间指标组一般影响生物的繁殖期及进化过程，中度改变说明生物的种类和数量降低。第四组 IHA 指标各监测断面变化不一致，但 4 个断面均显示低流量次数增加，历时增长，导致泥沙运输能力的下降，滞洪区水生生物存活率降低。第五组 IHA 指标大多呈高度改变，影响水中有机物的数量及分布；反转数较高会改变生物的生长规律。

总之，水文情势分析方面，高阳橡胶坝等四个监测断面的大多 IHA 参数落在 RVA 阈值范围内的年数均比期望值低。月均流量参数的水文改变度大多处于中度、高度改变；最小、最大流量参数大多处于低度、中度改变；其余各组水文改变度的计算结果也表明近年来研究区域水文情势变化较显著。高阳橡胶坝、下伯官拦河坝、干河子拦河坝及王家湾橡胶坝四个断面的生态水文特征属整体高度改变，整体水文改变度分别为 68.03%、69.37%、68.39%和 67.75%。

5.3 环境流指标分析

根据高阳橡胶坝、下伯官拦河坝、干河子拦河坝及王家湾橡胶坝四个断面 1993～2012 年共计 20 年的日流量数据，以水利工程建设时间为界，将水文分析序列分为两个区间（不包括水利工程建设年），分析水利工程建设前后断面环境流组成及其环境流指标的变化。

5.3.1　高阳橡胶坝断面环境流指标分析

将高阳橡胶坝断面的 1993～2012 年日流量序列分为 1993～2007 年、2009～2012 年两个变动水文序列，进行环境流有关计算，见表 5.7。

表 5.7　高阳橡胶坝断面环境流指标计算

流量事件	环境流指标	中值		离散系数		偏差系数	
		干扰前	干扰后	干扰前	干扰后	中值	离散系数
月低流量	1 月低流量	8.76	18.56	0.4646	0.1434	1.1187	0.6913
	2 月低流量	8.83	8.32	0.3193	0.1661	0.0578	0.4798
	3 月低流量	10.27	8.63	0.3377	0.4175	0.1597	0.2363
	4 月低流量	11.40	12.93	0.3667	0.3525	0.1342	0.0387
	5 月低流量	57.34	101.71	0.8412	0.1491	0.7738	0.8228
	6 月低流量	48.94	34.84	1.3849	0.3353	0.2881	0.7579
	7 月低流量	48.07	67.19	0.7980	1.0342	0.3978	0.2960
	8 月低流量	59.18	111.93	2.1543	1.6016	0.8913	0.2566
	9 月低流量	21.11	29.41	0.6053	0.3303	0.3932	0.4543
	10 月低流量	11.34	19.14	0.5618	0.2582	0.6878	0.5404
	11 月低流量	9.93	9.43	0.2919	0.2745	0.0504	0.0596
	12 月低流量	9.32	29.86	0.2138	0.3008	2.2039	0.4069
极端低流量	极小值	8.31	6.41	0.5342	0.3917	0.2286	0.2668
	平均历时	4	3	0.2210	0.1025	0.2500	0.5362
月高流量	1 月高流量	10.15	41.43	0.6059	0.0962	3.0818	0.8412
	2 月高流量	9.49	12.21	0.4794	0.8551	0.2866	0.7837
	3 月高流量	15.68	21.61	0.4809	0.0895	0.3782	0.8139
	4 月高流量	18.25	32.52	1.0889	2.8918	0.7819	1.6557
	5 月高流量	162.25	184.86	0.3223	0.2516	0.1394	0.2194
	6 月高流量	127.29	108.72	1.0262	0.4110	0.1459	0.5995
	7 月高流量	98.71	173.99	1.9241	1.1797	0.7626	0.3869

续表

流量事件	环境流指标	中值		离散系数		偏差系数	
		干扰前	干扰后	干扰前	干扰后	中值	离散系数
月高流量	8月高流量	180.17	130.57	1.2289	3.5569	0.2753	1.8944
	9月高流量	41.56	74.34	1.2375	5.8369	0.7887	3.7166
	10月高流量	17.89	37.67	0.8752	0.3823	1.1056	0.5632
	11月高流量	12.19	51.48	0.1843	0.6760	3.2231	2.6679
	12月高流量	10.04	56.82	0.1634	0.9436	4.6594	4.7748
高流量脉冲	极大值	183.45	206.51	0.6811	2.7627	0.1257	3.0562
	平均历时	4	5	0.1045	0.1667	0.2500	0.5952
小洪水	极大值	1364.43	869.51	1.1556		0.3627	
	平均历时	33.5	31	0.4745		0.0746	
	上升率	53.15	45.92	0.5628		0.1360	
	下降率	−38.42	−32.49	0.3938		0.1543	
大洪水	极大值	4705.01	1545.73	0.7766		0.6715	
	平均历时	52	47	0.0845		0.0962	
	上升率	387.12	294.68	0.3656		0.2388	
	下降率	−47.32	−31.82	0.4464		0.3276	

注：1.干扰后，小洪水及大洪水事件发生次数较少，因而其离散系数为空。

2.表中各参数的单位分别为：月平均流量及极端流量，m³/s；出现时间，日；出现次数，次；上升率、下降率，%。

由表5.7可以看出，第一组参数：从中值计算结果来看，水利工程建设后1月、12月月低流量变化幅度较大，12月月低流量中值的正偏差系数2.2039；水利工程建设后，各指标离散系数整体减小，月低流量事件呈现集中化的趋势。第二组参数：极端低流量的数值及历时均减小，但变化幅度不大。第三组参数：从中值计算结果来看，除6月、8月月高流量两个指标外，其余各指标均呈增加态势；9月高流量离散系数的正偏差系数达到3.7166。第四组参数：高流量脉冲的数值及历时均增大，中值变化不明显，但干扰后极大值的离散程度较高。第五组参数：小洪水的数值及历时均降低，流量上升率及下降率变化幅度不大。第六组参数：干扰后大洪水的数值大幅度减小，平均历时、流量上升率及下降率变化幅度低于大洪水极大值的变化幅度。

高阳橡胶坝断面6种流量事件的分布情况如图5.2所示。

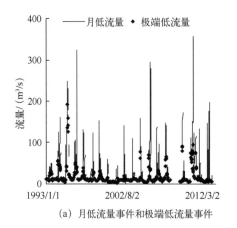

（a）月低流量事件和极端低流量事件

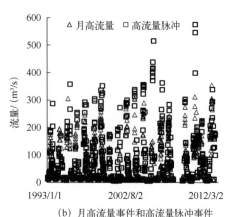

（b）月高流量事件和高流量脉冲事件

（c）小洪水事件和大洪水事件

图 5.2 高阳橡胶坝断面环境流量事件分布图

由图 5.2 可以看出，月低流量参数在数值上整体呈增加态，说明河流对营养物质的溶解能力增强，为生物提供了较适宜的生存环境；而月高流量参数的离散系数变大，改变了河床底质的特性。

5.3.2 下伯官拦河坝断面环境流指标分析

将下伯官拦河坝断面的 1993～2012 年日流量序列分为 1993～1997 年、1999～2012 年两个变动水文序列，进行环境流有关计算，见表 5.8。

表 5.8　下伯官拦河坝断面环境流指标计算

流量事件	环境流指标	中值		离散系数		偏差系数	
		干扰前	干扰后	干扰前	干扰后	中值	离散系数
月低流量	1 月低流量	13.11	14.56	0.1841	0.2202	0.1106	0.1961
	2 月低流量	12.36	8.55	0.0899	0.1574	0.3083	0.7508
	3 月低流量	15.19	11.38	0.1946	0.1492	0.2508	0.2333
	4 月低流量	21.21	15.59	0.9510	0.3512	0.2650	0.6307
	5 月低流量	105.75	126.59	0.2665	0.2332	0.1971	0.1250
	6 月低流量	123.75	67.04	0.7748	0.2956	0.4583	0.6185
	7 月低流量	149.37	89.27	0.9622	0.9317	0.4023	0.0317
	8 月低流量	203.13	154.05	2.3624	1.2166	0.2416	0.4850
	9 月低流量	54.30	27.28	1.4625	0.2947	0.4976	0.7985
	10 月低流量	19.07	17.93	0.8018	0.3534	0.0598	0.5592
	11 月低流量	14.74	13.55	0.2033	0.1623	0.0807	0.2017
	12 月低流量	12.11	17.04	0.0831	0.1678	0.4071	1.0193
极端低流量	极小值	3.30	2.19	0.7628	0.5627	0.3364	0.2623
	平均历时	3	3.5	0.4521	0.5648	0.3333	0.2493
月高流量	1 月高流量	14.41	18.23	0.1776	0.2016	0.2651	0.1351
	2 月高流量	13.76	9.56	0.3709	0.1639	0.3052	0.5581
	3 月高流量	16.68	15.00	0.1900	0.2358	0.1007	0.2411
	4 月高流量	30.28	16.84	1.0157	0.3928	0.4439	0.6133
	5 月高流量	138.54	181.20	0.2488	0.2249	0.3079	0.0961
	6 月高流量	160.76	110.09	0.7876	0.3793	0.3152	0.5184
	7 月高流量	109.63	118.77	1.9339	1.0119	0.0834	0.4768
	8 月高流量	116.76	139.46	5.2433	1.2867	0.1945	0.7546
	9 月高流量	72.66	34.87	1.6361	0.4855	0.5201	0.7033
	10 月高流量	25.67	22.28	0.9311	0.3919	0.1321	0.5791
	11 月高流量	16.63	22.50	0.3031	0.2486	0.3530	0.1798
	12 月高流量	12.92	20.23	0.6608	0.1438	0.5658	0.7824
高流量脉冲	极大值	734.22	801.91	1.8352	0.6687	0.0922	0.6356
	平均历时	4.5	5	0.5000	0.3611	0.1111	0.2778
小洪水	极大值	1405.45	882.14	0.0385		0.3723	
	平均历时	31.5	35	1.3610		0.1111	
	上升率	186.00	124.60	3.8670		0.3301	
	下降率	−59.6	−55.9	−1.4990		0.0621	

续表

流量事件	环境流指标	中值		离散系数		偏差系数	
		干扰前	干扰后	干扰前	干扰后	中值	离散系数
大洪水	极大值	4562	2159	0.2071		0.5267	
	平均历时	54.5	58	0.3768		0.0642	
	上升率	374.3	145.5	0.6113		0.6113	
	下降率	−35.6	−94.3	−0.0591		1.6489	

注：1.干扰后小洪水及干扰前大洪水事件发生次数较少，因而其离散系数为空。

2.表中各参数的单位分别为：月平均流量及极端流量，m³/s；出现时间，日；出现次数，次；上升率、下降率，%。

由表 5.8 可以看出，第一组参数：从中值计算结果来看，水利工程建设后 6 月、9 月月低流量变化幅度较大，9 月低流量中值的负偏差系数达到 0.4976；干扰后大部分流量事件指标的离散系数减小，说明干扰后月低流量事件指标呈现出更为集中化的趋势。第二组参数：极端低流量事件的数值减小，历时延长，表明干扰后极端低流量事件出现机会较多。第三组参数：干扰前后月高流量参数在数值上变化幅度不大，偏差系数介于 0.0834～0.5658 之间；干扰后大部分月高流量事件指标的离散系数减小，趋于集中化。第四组参数：高流量脉冲事件的数值及历时均增大，干扰后两个指标的离散系数变小。第五组参数：小洪水的数值减小，历时延长，流量上升率及下降率变化幅度不大。第六组参数：干扰后大洪水的数值大幅度减小，历时略微增加，流量上升率减小，而下降率有一定程度的增大。

下伯官拦河坝断面 6 种流量事件的分布情况如图 5.3 所示。

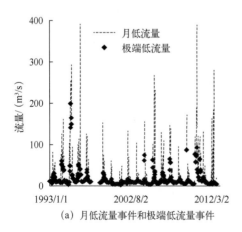

（a）月低流量事件和极端低流量事件

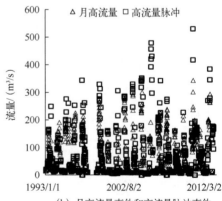

（b）月高流量事件和高流量脉冲事件

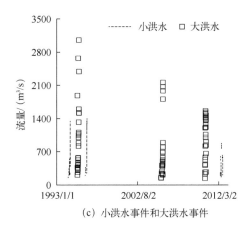

（c）小洪水事件和大洪水事件

图 5.3 下伯官拦河坝断面环境流量事件分布图

由图 5.3 可以看出，干扰后月低流量事件及月高流量事件均呈现出更为集中化的趋势，高流量脉冲事件的波动减轻，河道河岸稳定，利于生物产卵。小洪水和大洪水流量事件的变化范围略微变窄，对水生、陆生生物的生长起到促进作用。

5.3.3 干河子拦河坝断面环境流指标分析

将干河子拦河坝断面的 1993～2012 年日流量序列分为 1993～1995 年、1997～2012 年两个变动水文序列，进行环境流有关计算，见表 5.9。

表 5.9 干河子拦河坝断面环境流指标计算

流量事件	环境流指标	中值		离散系数		偏差系数	
		干扰前	干扰后	干扰前	干扰后	中值	离散系数
月低流量	1 月低流量	12.48	11.25	0.1682	0.4973	0.0986	1.9566
	2 月低流量	11.98	8.62	0.2324	0.5880	0.2805	1.5301
	3 月低流量	14.03	9.93	0.2318	0.3534	0.2922	0.9998
	4 月低流量	11.43	12.79	1.5066	0.6853	0.1190	0.5451
	5 月低流量	37.05	69.99	0.7467	0.8968	0.8891	0.2010
	6 月低流量	79.32	36.93	0.9524	0.6200	0.5344	0.3490
	7 月低流量	113.64	42.09	4.5397	0.7477	0.6296	0.8353
	8 月低流量	132.93	72.20	2.3020	2.1608	0.4569	0.0613
	9 月低流量	41.40	19.51	0.7048	0.4726	0.5287	0.3295
	10 月低流量	20.68	15.48	0.5623	0.6908	0.2515	0.2285

流量事件	环境流指标	中值		离散系数		偏差系数	
		干扰前	干扰后	干扰前	干扰后	中值	离散系数
月低流量	11月低流量	18.56	10.17	0.4994	0.4610	0.4520	0.0769
	12月低流量	14.52	14.86	0.3970	0.5801	0.0234	0.4612
极端低流量	极小值	5.96	7.17	1.3449	0.7380	0.2030	0.4513
	平均历时	4	5.5	0.2100	0.7612	0.3750	2.6248
月高流量	1月高流量	15.59	18.86	0.2394	0.6876	0.2097	1.8722
	2月高流量	12.05	10.54	0.2593	0.3589	0.1253	0.3841
	3月高流量	20.41	14.42	1.0579	0.4701	0.2935	0.5556
	4月高流量	30.57	21.44	2.0454	0.9676	0.2987	0.5269
	5月高流量	113.56	163.56	0.4104	0.4894	0.4403	0.1925
	6月高流量	92.98	100.14	0.9497	0.8865	0.0770	0.0665
	7月高流量	84.35	105.50	0.6369	1.7655	0.2507	1.7720
	8月高流量	122.29	97.42	1.0778	1.3517	0.2034	0.2541
	9月高流量	82.98	38.67	1.2503	1.6426	0.5340	0.3138
	10月高流量	32.88	14.93	0.6603	0.6596	0.5459	0.0011
	11月高流量	21.72	21.77	0.7081	0.5714	0.0023	0.1931
	12月高流量	16.23	19.72	0.4172	0.2924	0.2150	0.2991
高流量脉冲	极大值	251.08	185.41	1.0209	0.8991	0.2616	0.1193
	平均历时	5	4.5	0.6708	0.4120	0.1000	0.3858
小洪水	极大值	1335.34	890.77			0.3329	
	平均历时	41.5	46			0.1084	
	上升率	315.70	276.80			0.1232	
	下降率	−67.80	−54.00			0.2035	
大洪水	极大值	4360.25	2094		0.3391	0.5198	
	平均历时	56.5	52		0.8319	0.0796	
	上升率	264.90	139.20		0.6187	0.4745	
	下降率	−148.2	−205.80		−0.9775	0.3887	

注：1.小洪水及干扰前大洪水事件发生次数较少，因而其离散系数为空。

2.表中各参数的单位分别为：月平均流量及极端流量，m³/s；出现时间，日；出现次数，次；上升率、下降率，%。

由表 5.9 可以看出，第一组参数：从中值计算结果来看，水利工程建设后除 4 月、5 月和 12 月的月低流量有不同程度增加外，其余指标呈减小态势；干扰后月低流量事件整体的离散系数相对较集中。第二组参数：极端低流量事件的数值略微增加，历时延长；干扰后极端低流量平均历时的离散系数偏差较大，为 2.6248。第三组参数：5 月月高流量增加幅度较大，正偏差系数达到 0.4403；10 月高流量减小幅度最大，负偏差系数达到 0.5459。第四组参数：高流量脉冲事件的数值及历时均减小，且离散系数降低，事件趋于集中化。第五组参数：小洪水的数值减少，历时延长，流量上升率及下降率变化不显著。第六组参数：干扰后大洪水的数值大幅度减小，历时、流量上升率变小，下降率增大。

干河子拦河坝断面 6 种流量事件的分布情况如图 5.4 所示。

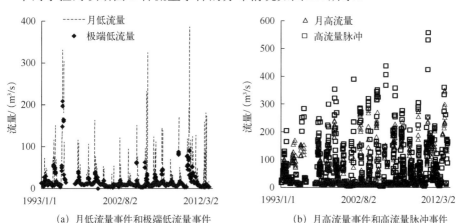

(a) 月低流量事件和极端低流量事件　　　　(b) 月高流量事件和高流量脉冲事件

(c) 小洪水事件和大洪水事件

图 5.4　干河子拦河坝断面环境流量事件分布图

由图 5.4 可以看出，干扰后月低流量事件、极端低流量事件、月高流量事件及高流量脉冲事件均趋于集中化，小洪水和大洪水流量事件流量范围均有一定程度的减小，有利于维持水生生物的生态平衡。

5.3.4　王家湾橡胶坝断面环境流指标分析

将王家湾橡胶坝断面的 1993～2012 年日流量序列分为 1993～2003 年、2005～2012 年两个变动水文序列，进行环境流有关计算，见表 5.10。

表 5.10　王家湾橡胶坝断面环境流指标计算表

流量事件	环境流指标	中值		离散系数		偏差系数	
		干扰前	干扰后	干扰前	干扰后	中值	离散系数
月低流量	1 月低流量	10.19	14.52	0.1387	0.7606	0.4249	4.4838
	2 月低流量	10.11	8.26	0.1329	0.9700	0.1830	6.2987
	3 月低流量	11.49	10.81	0.3665	0.6352	0.0592	0.7332
	4 月低流量	12.23	15.77	0.4884	0.8535	0.2895	0.7475
	5 月低流量	40.63	87.31	1.0012	0.6364	1.1489	0.3644
	6 月低流量	46.15	38.90	1.5910	0.4254	0.1571	0.7326
	7 月低流量	50.64	63.89	0.6112	1.6795	0.2617	1.7479
	8 月低流量	62.07	93.09	2.1527	1.2676	0.4998	0.4112
	9 月低流量	24.25	23.38	1.2049	0.3859	0.0359	0.6797
	10 月低流量	14.91	21.07	0.4602	0.6906	0.4131	0.5007
	11 月低流量	12.38	11.76	0.2155	0.5112	0.0501	1.3722
	12 月低流量	10.68	21.65	0.2404	0.6232	1.0272	1.5923
极端低流量	极小值	3.33	2.87	0.3210	0.7972	0.1381	1.4835
	平均历时	5	5.5	0.8333	0.9464	0.1000	0.1357
月高流量	1 月高流量	11.35	25.81	0.3153	0.6347	1.2740	1.0130
	2 月高流量	11.73	12.47	0.3477	0.6801	0.0631	0.9560
	3 月高流量	12.07	17.54	0.4662	0.4142	0.4532	0.1115
	4 月高流量	20.11	34.64	0.7093	0.5839	0.7225	0.1768
	5 月高流量	135.43	156.75	0.3669	0.1716	0.1574	0.5323
	6 月高流量	91.59	122.45	0.9538	1.1642	0.3369	0.2206

续表

流量事件	环境流指标	中值		离散系数		偏差系数	
		干扰前	干扰后	干扰前	干扰后	中值	离散系数
月高流量	7月高流量	54.85	112.85	0.5457	2.1249	1.0574	2.8939
	8月高流量	176.62	78.43	0.8626	0.4766	0.5559	0.4475
	9月高流量	42.39	53.58	0.9687	2.3862	0.2640	1.4633
	10月高流量	19.10	36.33	0.5573	0.6344	0.9021	0.1383
	11月高流量	13.29	34.86	0.2540	0.4779	1.6230	0.8815
	12月高流量	11.27	31.71	0.2611	0.4083	1.8137	0.5638
高流量脉冲	极大值	540.08	424.93	0.0997	0.1045	0.2132	0.0481
	平均历时	5	4	0.5000	0.6000	0.2000	0.2000
小洪水	极大值	2282	925.72	0.3091		0.5943	
	平均历时	46.5	51	0.7349		0.0968	
	上升率	196.60	357.70	1.0860		0.8194	
	下降率	−42.9	−59.11	−0.8324		0.3779	
大洪水	极大值	4310	2802		0.3863	0.3499	
	平均历时	63	59		0.1871	0.0635	
	上升率	416.7	656.1		0.8399	0.5745	
	下降率	−56.23	−75.1		−0.0982	0.3356	

注：1. 干扰后小洪水及干扰前大洪水事件发生次数较少，因而其离散系数为空。

2. 表中各参数的单位分别为：月平均流量及极端流量，m³/s；出现时间，日；出现次数，次；上升率、下降率，%。

由表 5.10 可看出，第一组参数：从中值计算结果分析，干扰后月低流量呈增加态的指标正偏差系数较大，月低流量呈减少态的指标负偏差程度较小。第二组参数：极端低流量事件数值略微减小，历时延长；相比于干扰前，极端低流量事件两个指标的离散系数偏差较大。第三组参数：干扰后除8月月高流量指标外，其余11个指标在数值上均不同程度地增加。大部分指标的离散系数变大，7月月高流量指标离散系数的正偏差最大，为 2.8939。第四组参数：高流量脉冲事件的数值及历时均减小，干扰后两个事件的离散系数呈增加态。第五组参数：小洪水数值减少，历时略微延长，流量上升率及下降率均不同程度增加。第六组参数：大洪水数值减少，历时略微缩短，流量上升率及下降率均不同程度增加。

王家湾橡胶坝断面6种流量事件的分布情况如图 5.5 所示。

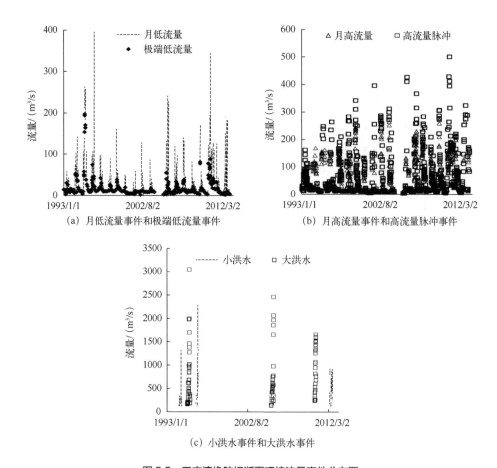

（a）月低流量事件和极端低流量事件　　　　（b）月高流量事件和高流量脉冲事件

（c）小洪水事件和大洪水事件

图 5.5　王家湾橡胶坝断面环境流量事件分布图

由图 5.5 可以看出，月低流量参数在数值上整体呈增加态，说明各类生物的生存及生殖环境较好；但特枯流量事件略微增多，会影响到沿岸植物的生长及生态平衡。

总之，环境流分析方面，中值计算分析结果显示：人类活动对高阳橡胶坝等四个监测断面的月低流量事件和月高流量事件影响较为显著，7 月、8 月、12 月的月低流量的偏差系数较大，1 月、10 月、12 月的月高流量的偏差系数较大；小洪水及大洪水流量事件的极大值减小，平均历时延长。离散系数计算分析结果显示：除小洪水和大洪水流量事件外，人类活动对其余四个流量事件的影响均较为显著；月低流量事件指标的离散系数减小，表现出更为集中化的趋势。

5.4　控制断面生态需水量计算

由于浑河沈抚段流域为季节性内陆城市河流，不存在与海水交汇临界处，且研究区域内无轮船进行通航。因此，浑河流域沈抚段生态环境需水量研究是为了维护生态环境的自然结构与功能，污染自净，满足输沙、水面蒸发、入渗补给、维持岸边植物正常生长等因素的要求，改善流域自然生态环境质量。浑河流域沈抚段生态系统功能划分见表 5.11。

表 5.11　生态系统功能划分

		维持水生生物基本需求
河流生态系统	生态功能	满足水面蒸发
		维持林草植被正常生长
	环境功能	改善用水水质
		协调生态环境
		回补地下水

浑河流域沈抚段区域生态环境需水量主要由维持河道生态功能的主流生态需水量和流动过程中水面蒸发需水量以及补给地下水、维持岸边植物正常生长需水量组成。河道主流需水量包括维持河流生态平衡所需要的基础流量、维持河流稀释自净能力所需要的流量、防止河道内泥沙淤积所需要的流量，以上三部分需水量在使用功能上存在重叠，所以取三者最大值作为河道主流需水量。流动过程中补给地下水与维持岸边植被正常生长需水量在功能上同样有重叠，取二者最大值。

5.4.1　河流基本生态需水量计算

根据辽宁省水环境功能区划标准及水利工程建设情况，将浑河流域沈抚段划分为 1#～6# 六个区间段，利用基于 DRM 的 BBM 法分别计算各区间段的基本生态需水量。

5.4.1.1　生态类型评定

采用目前国内最常用的水环境质量评价方法——综合水质指数法确定河流生态类型，选取 COD、氨氮、BOD_5 和高锰酸盐指数共 4 个项目作为主要评价指标，对研究区域的水生态环境状况进行全面评价。

综合水质标识指数 WQI=$X_1.X_2X_3X_4$，其中 WQI 为综合水质标识指数；X_1 为综合水质级别；X_2 为在目标综合水质级别中，现状水质所处的位置；X_3 为各项现状水质指标中，未达到目标的指标个数；X_4 为现状水质与目标水质的比较结果。

其中综合水质指数 $X_1.X_2$ 采用式 5.1 进行计算。

$$X_1.X_2 = \frac{1}{m+1}(\sum_{i=1}^{m} P_i + \frac{1}{n}\sum_{j=1}^{n} P_j) \tag{5.1}$$

式中　　P_i——未达标指标的单因子水质指数；

　　　　m——未达标指标的数目；

　　　　P_j——达标指标的单因子水质指数；

　　　　n——达标指标的数目。

各区段 COD、氨氮浓度采用实地取样实验室测定的方法获取，BOD_5、高锰酸盐指数浓度则参考沈阳市及抚顺市环境质量报告书；根据《辽宁省主要水系地表水环境功能区划》并结合河流治理的近期目标，研究区域水质目标执行《地表水环境质量标准》（GB 3838—2002）Ⅳ类水标准，最终得出各区段枯、丰、平三个水期四个指标的综合评价，浑河沈抚段水质综合评价结果见表 5.12。

表 5.12　浑河沈抚段水质综合评价

区间段	水期	单因子水质标识指数				综合水质指数	水质类别
		COD	NH₃-N	BOD₅	高锰酸盐指数		
1#	枯	5.71	6.22	4.60	4.30	5.421	Ⅴ
	丰	4.70	5.81	3.10	3.20	4.710	Ⅳ
	平	5.41	6.12	4.70	4.00	5.321	Ⅴ
2#	枯	5.81	6.32	5.11	4.70	5.531	Ⅴ
	丰	4.70	5.81	3.90	3.40	4.910	Ⅴ
	平	5.41	6.12	4.80	4.20	5.321	Ⅴ
3#	枯	5.81	6.39	5.11	4.70	5.531	Ⅴ
	丰	4.61	5.81	4.90	4.40	5.211	Ⅴ
	平	5.41	6.22	4.90	4.40	5.421	Ⅴ
4#	枯	5.81	6.42	5.11	4.60	5.531	Ⅴ
	丰	4.61	5.71	4.10	3.50	4.910	Ⅳ
	平	5.41	6.22	4.80	4.30	5.421	Ⅴ
5#	枯	5.81	6.32	5.02	4.30	5.431	Ⅴ
	丰	4.51	5.61	3.90	3.40	4.810	Ⅳ
	平	5.31	6.22	4.50	4.10	5.310	Ⅴ

续表

区间段	水期	单因子水质标识指数				综合水质指数	水质类别
		COD	NH_3-N	BOD_5	高锰酸盐指数		
6#	枯	5.91	6.42	5.02	4.50	5.531	V
	丰	4.51	5.61	3.80	3.30	4.710	IV
	平	5.31	6.22	4.50	4.20	5.310	V

由表 5.12 可知，浑河沈抚段流域各区间段的水质情况非常恶劣，大部分处于 V 类，仅丰水期个别区间段处于 IV 类。因此，结合 BBM 法的生态类型评价方法，浑河流域沈抚段的生态类型为 D 类。

5.4.1.2 流量变化指数

（1）变异系数（CV）

选取区间段 20 年（1993~2012 年）河道流量数据，选取 2 月、3 月、4 月作为干旱季节的 3 个主要月份；5 月、7 月、8 月作为湿润季节的 3 个主要月份。各区间段最终变异系数如表 5.13 所示。

表 5.13 各区间段最终变异系数计算表

区间段		1#	2#	3#	4#	5#	6#
干旱季节变异系数	2 月	0.5252	0.5262	0.5305	0.5352	0.5418	0.5581
	3 月	0.3763	0.3954	0.4177	0.4344	0.4589	0.4937
	4 月	0.4454	0.4407	0.4443	0.4512	0.4662	0.4948
	均值	0.4489	0.4541	0.4642	0.4736	0.4890	0.5155
湿润季节变异系数	5 月	0.2660	0.2763	0.2880	0.2971	0.3111	0.3327
	7 月	1.2019	1.1957	1.1902	1.1867	1.1824	1.1775
	8 月	1.7810	1.7694	1.7582	1.7506	1.7403	1.7267
	均值	1.0829	1.0804	1.0788	1.0782	1.0780	1.0789
CV		1.5318	1.5345	1.5430	1.5518	1.5670	1.5944

（2）基流指数（BFI）

基流指数（BFI）是指基流与总流量的比值，用来反映流量短期变化情况。基流的大小与研究区域面积、降水量、地面坡度等一系列气象地质因素有关，选用现有资料平均年的天然流量资料，采用最小平滑值法进行基流分析。分别找出 6 个区间段水文系列的各个拐点，进行线性插值，最小平滑值法基流分割结果见图 5.6。

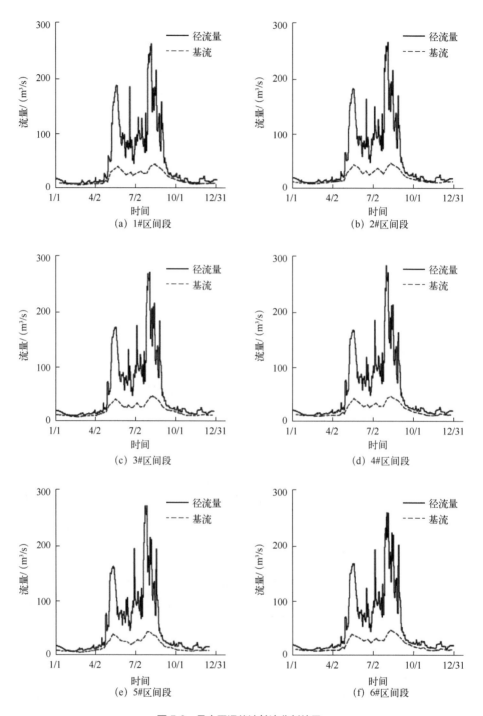

图 5.6　最小平滑值法基流分割结果

由图 5.6 可知，各区间段基流与总流量大小变化趋势大致相同，基流变化幅度小，受降水影响小，符合基流的定义特征。基流指数计算结果如表 5.14 所示。

表 5.14　基流指数计算结果

区间段	1#	2#	3#	4#	5#	6#
基流指数（BFI）	0.3342	0.3415	0.3573	0.3844	0.4049	0.4277

（3）综合指数（CVB）

综合指数等于变异系数和基流指数的比值，综合指数计算结果见表 5.15。

表 5.15　综合指数计算结果

区间段	1#	2#	3#	4#	5#	6#
综合指数（CVB）	4.5835	4.4934	4.3185	4.0369	3.8701	3.7278

5.4.1.3　三种需水量计算

（1）正常年基流量需水量（MLIFR）

计算各区间段的 MLIFR，计算结果见表 5.16。

表 5.16　MLIFR 计算结果

参数值（D 类型）	LP1		LP2		LP3		LP4	
	0.93		20		5.1		−4	
区间段	1#	2#	3#	4#	5#	6#		
MLIFR/（m³/s）	262.37	265.39	271.34	281.69	288.33	294.27		

由表 5.16 可看出，从研究区域的上游到下游正常年基流量需水量呈增加态，但相差不大。

（2）干旱年基流量需水量（DLIFR）

由于研究河流属 D 类河流，DRM 法中将干旱年基流量需水量取值看作与正常年基流量需水量相等，因此 DLIFR 的计算结果参见表 5.16。

（3）正常年高流量需水量（MHIFR）

计算各区间段的 MHIFR，计算结果见表 5.17。

表 5.17　MHIFR 计算结果

参数值 （D 类型）	HP1=λ		HP2		HP3		HP4
	0.55		5.5		4.5		0.015
区间段	1#	2#	3#	4#	5#		6#
x	0.3306	0.3262	0.3177	0.3030	0.2938		0.2857
γ	0.8291	0.8363	0.8505	0.8754	0.8911		0.9054
MHIFR/（m³/s）	349.54	351.07	354.08	359.35	362.69		365.72

由表 5.17 可看出，与正常年基流量变化情形类似，正常年高流量需水量从上游到下游逐渐增加，但变化幅度不大。

5.4.1.4　需水量月际分配

（1）年基流量需水量月际分配

选取各区间段的基流量数据，将 6 个区间段的正常年及干旱年基流量进行月际分配，分配结果见表 5.18。

表 5.18　正常年及干旱年基流量的月际分配表　　　　单位：m³/s

项目		正常年						干旱年					
		干旱季节（10~3 月）			湿润季节（4~9 月）			干旱季节（10~3 月）			湿润季节（4~9 月）		
SCALE		0.6			0.9			0.4			0.7		
项目		1 月	2 月	3 月	4 月	5 月	6 月	7 月	8 月	9 月	10 月	11 月	12 月
1#	基流量	9.26	6.97	8.39	11.87	34.46	26.25	29.04	40.77	20.09	11.77	9.14	10.25
	MLIFR	10.91	9.11	10.22	14.88	41.45	31.79	35.08	48.87	24.55	12.88	10.82	11.68
	DLIFR	11.89	10.51	11.36	15.69	39.53	30.86	33.81	46.19	24.36	13.41	11.82	12.49
2#	基流量	9.38	7.13	8.66	11.90	34.52	25.94	29.41	41.23	20.02	12.05	9.26	10.48
	MLIFR	11.00	9.25	10.44	14.82	41.22	31.21	35.25	49.05	24.30	13.08	10.90	11.86
	DLIFR	12.01	10.67	11.58	15.66	39.34	30.36	33.99	46.37	24.16	13.61	11.94	12.67
3#	基流量	9.56	7.19	8.52	12.50	33.45	25.64	29.04	42.17	19.80	12.21	9.41	10.64
	MLIFR	11.16	9.32	10.35	15.52	39.95	30.84	34.81	50.12	24.03	13.22	11.05	12.00
	DLIFR	12.15	10.74	11.53	16.29	38.20	30.03	33.58	47.31	23.92	13.73	12.07	12.80
4#	基流量	9.57	7.48	8.42	12.37	33.19	25.54	28.74	42.32	20.03	12.33	9.62	10.63
	MLIFR	11.27	9.66	10.38	15.33	39.53	30.64	34.36	50.13	24.24	13.41	11.31	12.10
	DLIFR	12.32	11.08	11.64	16.14	37.73	29.80	33.12	47.20	24.09	13.95	12.35	12.95

项目		正常年						干旱年					
		干旱季节（10~3月）			湿润季节（4~9月）			干旱季节（10~3月）			湿润季节（4~9月）		
SCALE		0.6			0.9			0.4			0.7		
项目		1月	2月	3月	4月	5月	6月	7月	8月	9月	10月	11月	12月
5#	基流量	9.57	7.78	8.31	12.23	32.94	25.43	28.44	42.47	20.26	12.45	9.83	10.62
	MLIFR	11.38	10.00	10.41	15.15	39.11	30.43	33.91	50.14	24.45	13.61	11.58	12.19
	DLIFR	12.47	11.42	11.74	16.00	37.28	29.57	32.66	47.08	24.26	14.17	12.62	13.09
6#	基流量	9.65	7.98	8.29	12.32	32.56	25.23	28.29	42.90	20.31	12.62	10.00	10.72
	MLIFR	11.50	10.22	10.46	15.21	38.53	30.09	33.62	50.45	24.42	13.78	11.77	12.32
	DLIFR	12.61	11.64	11.82	16.06	36.72	29.24	32.37	47.28	24.22	14.35	12.81	13.23

由表 5.18 可看出，基流量需水量主要受基流量的控制，随基流量的增加而增加，各区间段 8 月份的基流量需水量最大，超过 40m³/s，5 月份次之；2 月份的基流量需水量最小。从河道走向看，上游到下游各月基流量需水量整体逐渐变大，由于研究区域面积不大，变化幅度不显著。另外，10 月~次年 3 月，干旱年基流量需水量略微大于正常年基流量需水量，但在其他月份干旱年基流量需水量略微小于正常年基流量需水量，这可能是因为对于干旱年的 10 月~4 月，生物对流量的变化较敏感，所需水量较大，而对于正常年，生物会自行调整水量的相对不足，符合 DRM 模型的最初假定。

（2）正常年高流量需水量月际分配

将 6 个区间段的正常年高流量需水量进行月际分配，分配结果见表 5.19~表 5.24。

表 5.19 1#区间段正常年高流量需水量的月际分配结果

月份	总流量/(m³/s)	基流量/(m³/s)	总流量-基流量/(m³/s)	H_i/%	HSD	HND	需水量/(m³/s)
1月	13.72	9.26	4.46	1.23	1.80	2.22	7.75
2月	9.23	6.97	2.26	0.62	1.80	1.12	3.93
3月	11.97	8.39	3.58	0.99	1.80	1.78	6.23
4月	16.31	11.87	4.44	1.23	1.80	2.21	7.71
5月	120.17	34.46	85.71	23.68	−9.00	23.89	83.51
6月	80.59	26.25	54.34	15.01	−9.00	15.93	55.67

月份	总流量 /（m³/s）	基流量 /（m³/s）	总流量−基流量 /（m³/s）	H_i/%	HSD	HND	需水量 /（m³/s）
7 月	95.04	29.04	66.00	18.23	−9.00	19.91	69.59
8 月	151.85	40.77	111.08	30.69	−9.00	33.69	117.75
9 月	35.67	20.09	15.58	4.30	2.00	8.61	30.09
10 月	17.12	11.77	5.35	1.48	1.80	2.66	9.30
11 月	13.33	9.14	4.19	1.16	1.80	2.08	7.28
12 月	15.26	10.25	5.01	1.38	1.80	2.49	8.71

注：H_i—年高流量分配的百分比；HSD—月功能分布参数，12 个月分为主要功能月份 HSD_{fh} 和次要功能月份 HSD_{fl}，主要功能月的 HSD_{fh} 等于−9，次要功能月的 HSD_{fl} 为 0.5～2.0，HSD_{fl} 越大表示水量需求越高；HND—功能月份的无量纲高流量值，HND_{fl} 为次要功能月份的无量纲高流量值。

由表 5.19 可知，和平桥—高阳橡胶坝区间段 8 月份高流量需水量最大，为 117.75m³/s，远远超过其他月，这是因为高流量需水量与河道流量和基流量之间的差值成正相关，8 月总流量与基流量的差值较大，导致需水量也较大。5～7 月的正常年高流量需水量也较大，2 月的高流量需水量最小，为 3.93m³/s。

表 5.20 2#区间段正常年高流量需水量的月际分配结果

月份	总流量 /（m³/s）	基流量 /（m³/s）	总流量−基流量 /（m³/s）	H_i/%	HSD	HND	需水量 /（m³/s）
1 月	13.92	9.38	4.54	1.26	1.80	2.27	7.94
2 月	9.51	7.13	2.38	0.66	1.80	1.19	4.16
3 月	12.28	8.66	3.62	1.01	1.80	1.81	6.33
4 月	16.97	11.90	5.07	1.41	1.80	2.54	8.86
5 月	119.65	34.52	85.13	23.65	−9.00	23.14	80.87
6 月	78.66	25.94	52.72	14.65	−9.00	15.43	53.92
7 月	94.52	29.41	65.12	18.09	−9.00	19.28	67.40
8 月	151.26	41.23	110.03	30.57	−9.00	33.44	116.87
9 月	35.58	20.02	15.56	4.32	2.00	8.65	30.22
10 月	18.16	12.05	6.11	1.70	1.80	3.06	10.68
11 月	13.85	9.26	4.59	1.28	1.80	2.30	8.03
12 月	15.52	10.48	5.04	1.40	1.80	2.52	8.81

由表 5.20 可知，高阳橡胶坝—下伯官拦河坝区间段 8 月份高流量需水量最大，为 116.87m³/s，远超过其他月，5～7 月的正常年高流量需水量也较大，2 月的高流量需水量最小，为 4.16m³/s。

表 5.21 3#区间段正常年高流量需水量的月际分配结果

月份	总流量 /（m³/s）	基流量 /（m³/s）	总流量-基流量 /（m³/s）	H_i/%	HSD	HND	需水量 /（m³/s）
1 月	14.27	9.56	4.71	1.31	1.80	2.36	8.24
2 月	9.96	7.19	2.77	0.77	1.80	1.39	4.85
3 月	12.59	8.52	4.07	1.13	1.80	2.03	7.11
4 月	17.86	12.50	5.36	1.49	1.80	2.68	9.37
5 月	118.62	33.45	85.17	23.67	−9.00	22.34	78.09
6 月	74.85	25.64	49.21	13.68	−9.00	14.89	52.06
7 月	93.45	29.04	64.41	17.90	−9.00	18.62	65.07
8 月	152.61	42.17	110.44	30.70	−9.00	33.02	115.43
9 月	35.11	19.80	15.31	4.26	2.00	8.51	29.75
10 月	19.52	12.21	7.31	2.03	1.80	3.66	12.79
11 月	14.81	9.41	5.40	1.50	1.80	2.70	9.44
12 月	16.23	10.64	5.59	1.55	1.80	2.79	9.77

由表 5.21 可知，下伯官拦河坝—干河子拦河坝区间段 8 月份高流量需水量最大，为 115.43m³/s，远超过其他月，5～7 月的高流量需水量也较大，2 月及 3 月的高流量需水量较小，分别为 4.85m³/s 和 7.11m³/s。

表 5.22 4#区间段正常年高流量需水量的月际分配结果

月份	总流量 /（m³/s）	基流量 /（m³/s）	总流量-基流量 /（m³/s）	H_i/%	HSD	HND	需水量 /（m³/s）
1 月	14.42	9.57	4.85	1.35	1.80	2.43	8.48
2 月	10.15	7.48	2.66	0.74	1.80	1.33	4.65
3 月	12.80	8.42	4.38	1.22	1.80	2.19	7.65
4 月	18.27	12.37	5.90	1.64	1.80	2.95	10.31
5 月	117.78	33.19	84.58	23.48	−9.00	23.46	82.00
6 月	73.95	25.54	48.41	13.44	−9.00	15.64	54.67

月份	总流量/(m³/s)	基流量/(m³/s)	总流量−基流量/(m³/s)	H_i/%	HSD	HND	需水量/(m³/s)
7 月	92.11	28.74	63.36	17.59	−9.00	19.55	68.33
8 月	154.10	42.32	111.78	31.03	−9.00	33.06	115.56
9 月	35.19	20.03	15.16	4.21	2.00	8.42	29.42
10 月	20.22	12.33	7.89	2.19	1.80	3.94	13.79
11 月	15.09	9.62	5.47	1.52	1.80	2.74	9.56
12 月	16.36	10.63	5.73	1.59	1.80	2.86	10.01

由表 5.22 可知，干河子拦河坝—东陵大桥区间段 8 月份高流量需水量最大，为 115.56m³/s，远超过其他月，极值比达 24.85，5～7 月的高流量需水量也较大，1～3 月的正常年高流量需水量较小。

表 5.23　5#区间段正常年高流量需水量的月际分配结果

月份	总流量/(m³/s)	基流量/(m³/s)	总流量−基流量/(m³/s)	H_i/%	HSD	HND	需水量/(m³/s)
1 月	14.57	9.57	5.00	1.41	1.80	2.54	8.89
2 月	10.33	7.78	2.55	0.72	1.80	1.30	4.54
3 月	13.01	8.31	4.70	1.33	1.80	2.39	8.36
4 月	18.67	12.23	6.44	1.82	1.80	3.28	11.47
5 月	116.93	32.94	84.00	23.75	−9.00	22.50	78.65
6 月	73.04	25.43	47.61	13.46	−9.00	15.00	52.43
7 月	89.76	28.44	61.32	17.34	−9.00	18.75	65.54
8 月	149.59	42.47	107.12	30.29	−9.00	32.60	113.94
9 月	35.27	20.26	15.01	4.24	2.00	8.49	29.67
10 月	20.92	12.45	8.47	2.40	1.80	4.31	15.07
11 月	15.38	9.83	5.55	1.57	1.80	2.83	9.87
12 月	16.49	10.62	5.87	1.66	1.80	2.99	10.44

由表 5.23 可知，东陵大桥—王家湾橡胶坝区间段，8 月份高流量需水量最大，为 113.94m³/s，5～7 月的高流量需水量也较大，1～3 月的高流量需水量较小，2 月最小为 4.54m³/s。

表 5.24　6#区间段正常年高流量需水量的月际分配结果

月份	总流量 /(m³/s)	基流量 /(m³/s)	总流量−基流量 /(m³/s)	H_i/%	HSD	HND	需水量 /(m³/s)
1 月	14.78	9.65	5.13	1.44	1.80	2.59	9.06
2 月	10.61	7.98	2.63	0.74	1.80	1.33	4.64
3 月	13.27	8.29	4.98	1.40	1.80	2.51	8.78
4 月	19.26	12.32	6.95	1.95	1.80	3.51	12.26
5 月	116.12	32.56	83.57	23.44	−9.00	23.40	81.79
6 月	71.15	25.23	45.92	12.88	−9.00	15.60	54.53
7 月	90.20	28.29	61.90	17.36	−9.00	19.50	68.16
8 月	152.27	42.90	109.37	30.68	−9.00	32.37	113.15
9 月	35.17	20.31	14.87	4.17	2.00	8.34	29.15
10 月	21.88	12.62	9.25	2.59	1.80	4.67	16.33
11 月	15.89	10.00	5.89	1.65	1.80	2.97	10.40
12 月	16.80	10.72	6.09	1.71	1.80	3.07	10.74

由表 5.24 可知，王家湾橡胶坝—长青桥区间段 8 月份高流量需水量最大，为
113.15m³/s，5～7 月的高流量需水量也较大，1～3 月的高流量需水量较小，分别
为 9.06m³/s、4.64m³/s、8.78m³/s。

（3）正常年及干旱年基本生态需水量综合计算结果

根据正常年基流量需水量、干旱年基流量需水量及正常年高流量需水量的计
算结果，将正常年基流量需水量和高流量需水量叠加整理作为正常年基本生态需
水量，将干旱年基流量需水量作为干旱年基本生态需水量，并计算正常年、干旱
年基本生态需水量与研究区域河流现状平均流量的比值，基本生态需水量的综合
计算结果见表 5.25。

表 5.25　基本生态需水量的综合计算结果

项目			1 月	2 月	3 月	4 月	5 月	6 月	7 月	8 月	9 月	10 月	11 月	12 月
1 #	正常年	数值	18.66	13.04	16.45	22.59	124.96	87.46	104.67	166.62	54.64	22.18	18.10	20.39
		比值	1.36	1.41	1.37	1.39	1.04	1.09	1.10	1.10	1.53	1.30	1.36	1.34
	干旱年	数值	11.89	10.51	11.36	15.69	39.53	30.86	33.81	46.19	24.36	13.41	11.82	12.49
		比值	0.87	1.14	0.95	0.96	0.33	0.38	0.36	0.30	0.68	0.78	0.89	0.82
2 #	正常年	数值	18.94	13.41	16.77	23.68	122.09	85.13	102.65	165.92	54.52	23.76	18.93	20.67
		比值	1.36	1.41	1.37	1.40	1.02	1.08	1.09	1.10	1.53	1.31	1.37	1.33

	项目		1月	2月	3月	4月	5月	6月	7月	8月	9月	10月	11月	12月
2#	干旱年	数值	12.01	10.67	11.58	15.66	39.34	30.36	33.99	46.37	24.16	13.61	11.94	12.67
		比值	0.86	1.12	0.94	0.92	0.33	0.39	0.36	0.31	0.68	0.75	0.86	0.82
3#	正常年	数值	19.40	14.17	17.46	24.89	118.04	82.90	99.88	165.55	53.78	26.01	20.49	21.77
		比值	1.36	1.42	1.39	1.39	1.00	1.11	1.07	1.08	1.53	1.33	1.38	1.34
	干旱年	数值	12.15	10.74	11.53	16.29	38.2	30.03	33.58	47.31	23.92	13.73	12.07	12.8
		比值	0.85	1.08	0.92	0.91	0.32	0.40	0.36	0.31	0.68	0.70	0.81	0.79
4#	正常年	数值	19.75	14.31	18.03	25.64	121.53	85.31	102.69	165.69	53.66	27.20	20.87	22.11
		比值	1.37	1.41	1.41	1.40	1.03	1.15	1.11	1.08	1.52	1.35	1.38	1.35
	干旱年	数值	12.32	11.08	11.64	16.14	37.73	29.8	33.12	47.20	24.09	13.95	12.35	12.95
		比值	0.85	1.09	0.91	0.88	0.32	0.40	0.36	0.31	0.68	0.69	0.82	0.79
5#	正常年	数值	20.27	14.54	18.77	26.62	117.76	82.86	99.45	164.08	54.12	28.68	21.45	22.63
		比值	1.39	1.41	1.44	1.43	1.01	1.13	1.11	1.10	1.53	1.37	1.39	1.37
	干旱年	数值	12.47	11.42	11.74	16.00	37.28	29.57	32.66	47.08	24.26	14.17	12.62	13.09
		比值	0.86	1.11	0.90	0.86	0.32	0.40	0.36	0.31	0.69	0.68	0.82	0.79
6#	正常年	数值	20.56	14.86	19.24	27.47	120.32	84.62	101.78	163.60	53.57	30.11	22.17	23.06
		比值	1.39	1.40	1.45	1.43	1.04	1.19	1.13	1.07	1.52	1.38	1.40	1.37
	干旱年	数值	12.61	11.64	11.82	16.06	36.72	29.24	32.37	47.28	24.22	14.35	12.81	13.23
		比值	0.85	1.10	0.89	0.83	0.32	0.41	0.36	0.31	0.69	0.66	0.81	0.79

注：表中正常年、干旱年基本生态需水量数值单位为 m³/s。

由表 5.25 可知，对于正常年，8 月份的基本生态需水量最大，6 个监测区间段均可达到 160m³/s 以上，5～7 月的基本生态需水量相对较大，其他月较小。另外，各月基本需水量均大于河道月均流量，即月平均流量不满足基本需水量的需求。对于干旱年，8 月份的基本生态需水量最大，均大于 46m³/s，5 月份次之，2 月、3 月基本生态需水量较小；且除 2 月基本需水量大于河道平均流量外，其他各月现状平均流量均可满足基本需水量的需求。从河道走向上看，由于研究区域面积不大，各区间段基本需水量变化幅度不明显。

（4）建立皮尔逊Ⅲ型保证率曲线（P-Ⅲ曲线）

基于 BBM 法得到的是一系列正常年和干旱年的月际流量表，在此基础上仍需考虑保证率指标。根据各区间段正常年、干旱年基本生态需水量与河道流量数据的比值，建立以保证率为 x 轴、以正常年和干旱年的月基本生态需水量为 y 轴的皮尔逊Ⅲ型保证率曲线。1#区间段 2 月、5 月、8 月、10 月的正常年、干旱年基本生态需水量 P-Ⅲ曲线见图 5.7。

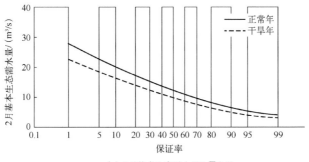

(a) 2月基本生态需水量P-Ⅲ曲线

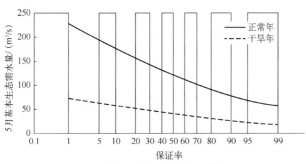

(b) 5月基本生态需水量P-Ⅲ曲线

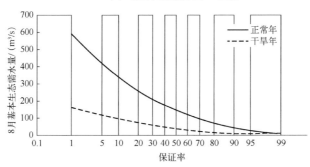

(c) 8月基本生态需水量P-Ⅲ曲线

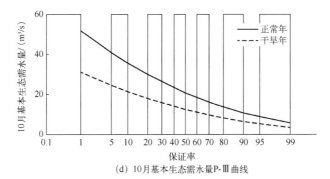

(d) 10月基本生态需水量P-Ⅲ曲线

图5.7　1#区间段正常年、干旱年基本生态需水量 P-Ⅲ曲线

5.4.2 河流自净生态需水量计算

浑河沈抚段接纳了抚顺西部和沈阳东部排放的污水和污染物，河流水质污染严重，但水体对污染物具有一定的自净作用，在河道流量充足的情况下，能够使河道水质恢复到原有状态。因此，需计算可以保障河流自净能力的最小水量，确保水体满足河流生态环境功能要求，这部分水量即为河道自净生态需水量。

5.4.2.1 参数选取

（1）排污口基本参数

浑河沈抚段 2#、3#、6#区间内各有一个排污口，选择化学需氧量 COD 为污染物代表指标。排污口采取现状排污方案，即以实测 COD 排放量为计算基础，统计各个排污口 COD 排放量及浓度，见表 5.26。

表 5.26　浑河沈抚段流域排污口信息统计

排污口	项目	1月	2月	3月	4月	5月	6月	7月	8月	9月	10月	11月	12月
2#排污口	COD 浓度	68.2	58.2	53.5	69.2	59.7	65.3	74.4	69.1	75.9	62.4	56.6	53.8
	COD 排放量	0.49	0.48	0.47	0.47	0.47	0.46	0.45	0.47	0.47	0.48	0.48	0.49
3#排污口	COD 浓度	45.6	59.1	77.7	80.2	57.8	50.8	59.3	53.6	69.8	49.7	45.5	47.1
	COD 排放量	0.53	0.52	0.52	0.51	0.49	0.49	0.48	0.50	0.51	0.52	0.52	0.53
6#排污口	COD 浓度	60.2	62.3	66.8	58.1	52.4	59.5	68.9	57.4	61.5	53.2	58.5	52.1
	COD 排放量	0.55	0.53	0.52	0.52	0.51	0.50	0.49	0.49	0.50	0.51	0.52	0.52

注：1. 2#、3#、6#排污口距各自区间段下游断面分别为 6.3km、4.6km、4.4km。

2. COD 浓度单位为 mg/L；COD 排放量单位为 m³/s。

（2）区间段基本参数

根据段末控制法计算各段自净需水量，即控制下游断面的水质达到功能区段的要求所需水量。

（3）自净系数的确定

采用准确性较高的实测法进行自净系数计算，选取无支流、无排污口排入的 4#区间段（干河子拦河坝—东陵大桥），利用 1～12 月整年的水质监测结果分析自净系数的变化过程。由 $K = \dfrac{86.4u}{x} \ln \dfrac{C_0}{C_1}$ 可见，只需确定起点断面的 COD 浓度 C_0 及经距离 x 后的 COD 浓度 C_1，即可求出自净系数 K 值。该值是指自净的综合系数，与温度、河道比降、流速及河道流量等因素有关。根据干河子拦河坝断面及东陵大桥断面的 COD 浓度，两断面之间的距离为 3.5km，流速来源于实测资料，取 0.2～0.75m/s，取值随季节特性及河道流量变化，计算求得自净系数值，见表 5.27。

表 5.27 研究区域自净系数 K 值

月份	1 月	2 月	3 月	4 月	5 月	6 月	7 月	8 月	9 月	10 月	11 月	12 月
K 值 /d^{-1}	0.044	0.052	0.061	0.125	0.263	0.275	0.282	0.290	0.252	0.130	0.068	0.040

5.4.2.2 分期自净需水量计算

计算过程中，1#～6#区间段选取其上游断面实际浓度作为起始断面浓度，终止断面水质目标按照本河段的水质功能确定。各个研究区段的水质目标根据功能区水域的主要用途确定，分近期目标和远期目标两种。

分时段、分河段、分阶段浑河沈抚段流域自净生态需水量结果见表 5.28。

表 5.28 浑河沈抚段流域自净生态需水量　　　　单位：m³/s

河段	水质目标	需水量											
		1 月	2 月	3 月	4 月	5 月	6 月	7 月	8 月	9 月	10 月	11 月	12 月
1#	Ⅳ类	16.46	11.72	15.01	19.54	97.58	69.37	80.78	120.56	36.60	20.45	16.09	18.60
2#	Ⅳ类	17.11	12.23	15.58	20.66	96.55	68.74	79.97	119.24	35.81	21.69	16.69	18.99
3#	Ⅳ类	17.54	13.11	16.79	22.48	94.01	64.18	77.34	117.48	35.15	23.29	17.72	19.90
4#	Ⅳ类	17.60	13.30	17.09	22.92	91.82	62.30	74.70	116.45	34.56	23.93	17.85	19.94
5#	Ⅳ类	17.65	13.40	17.34	23.24	89.46	60.20	71.10	110.54	33.72	24.43	17.94	19.97
	Ⅲ类	26.48	20.11	26.01	34.86	134.19	90.31	106.65	165.80	50.59	36.64	26.91	29.96
6#	Ⅳ类	18.29	14.13	18.20	24.17	87.48	57.92	70.50	110.31	33.36	25.52	18.75	20.50
	Ⅲ类	27.43	21.19	27.29	36.26	131.22	86.88	105.74	165.46	50.04	38.28	28.12	30.75

由表 5.28 可知，对于不同断面，在水质目标相同的情况下，自净需水量变化幅度不大，从上游到下游总体上呈逐渐增加的趋势。对于同一断面，8 月份的自净需水量最大，2 月份的自净需水量最小。对比月平均流量可得，各区段丰水期 5～8 月河道流量可满足近期水质目标下自净需水量的需求，即丰水期 COD 浓度已满

足近期水质目标——Ⅳ类水标准；9 月～次年 4 月自净需水总量为实际月均流量总和的 1.21 倍，即研究区域内的污染物的含量超过河水稀释降解能力的范围。河段自净需水量不足也说明河流污染情况严重，需加强排污口断面污染整治力度。

5.4.3 河流输沙生态需水量计算

浑河流域沈抚段区域属严寒地区季节性河流，气候对其输水能力影响较大，汛期来水量占全年来水量 80%以上，所以本节仅考虑汛期水流的输沙能力。计算浑河沈抚段流域输沙生态需水量，结果见表 5.29。

表 5.29 浑河沈抚段流域输沙生态需水量　　　　　　　　单位：m³/s

河段	5 月	6 月	7 月	8 月
1#	37.80	25.33	21.46	30.44
2#	42.43	27.43	27.13	36.49
3#	47.04	29.53	32.81	42.53
4#	50.74	31.21	37.35	47.36
5#	53.51	32.47	40.75	50.99
6#	56.28	33.73	44.15	54.61

由表 5.29 可知，各区间段的输沙需水量主要由来沙量与水流挟沙力决定，汛期来沙量季节性明显，导致输沙生态需水量随季节变化显著，5～8 月汛期输沙需水量都较大，6 个区间段的输沙需水量基本上都在 5 月份达到最大，这是由每年上游大伙房水库为满足灌溉需求向下游放水造成的，放水持续时间可达半个多月，导致下游河流含沙量较大。对于不同断面，从上游到下游输沙需水量呈现逐渐增加的趋势。

5.4.4 河流蒸发生态需水量计算

将浑河沈抚段流域按水利工程建设情况划分为 1#～6#六个区间段，利用 Arcgis10.2 对研究区域枯、丰、平水期的遥感影像进行分析，确定浑河沈抚段流域各区间段水面面积，见表 5.30。

表 5.30 浑河沈抚段流域各区间段水面面积   单位：m²

时间	1#	2#	3#	4#	5#	6#
枯水期（1～4 月）	1046343	2044503	2053825	1447970	2087114	2764219
丰水期（5～8 月）	1413977	2762842	2775440	1956717	2820424	3711108
平水期（9～12 月）	1159461	2265530	2275960	1604508	2312747	3043108

　　根据 1993～2012 年共计 20 年的各区间段代表断面降水量及蒸发量分析数据，计算浑河沈抚段流域水面蒸发需水量，见表 5.31。

表 5.31 浑河沈抚段流域水面蒸发需水量   单位：m³/s

河段	1 月	2 月	3 月	4 月	5 月	6 月	7 月	8 月	9 月	10 月	11 月	12 月
1#	0.04	0.16	0.47	1.05	1.76	0.87	0.00	0.00	0.79	0.32	0.04	0.00
2#	0.07	0.32	0.92	2.08	3.45	1.71	0.00	0.00	1.55	0.63	0.08	0.00
3#	0.08	0.32	0.92	2.10	3.46	1.73	0.00	0.00	1.56	0.63	0.08	0.00
4#	0.06	0.22	0.65	1.50	2.44	1.23	0.00	0.00	1.10	0.45	0.05	0.00
5#	0.09	0.32	0.93	2.18	3.52	1.78	0.00	0.00	1.58	0.65	0.07	0.00
6#	0.12	0.42	1.22	2.88	4.64	2.35	0.00	0.00	2.09	0.86	0.09	0.00

　　由表 5.31 可知，水面蒸发需水量主要受季节、降水量及蒸发量三个因素控制，7 月、8 月、12 月平均降水量大于水面蒸发量，水面蒸发需水量为 0，不需要外来水量补给。5 月份气温较高，水面蒸发量较大，而同步的降水量却较小，导致其蒸发需水量最大，需外来水补给。对于不同区间段，蒸发需水量还受区段水面面积的影响。6#王家湾橡胶坝—长青桥区间段水面面积最大，其水面蒸发需水量同样较大。

5.4.5　河道渗漏需水量计算

　　浑河流域沈抚段区域为典型季节性河流，丰水期水量大，枯水期水量小，甚至会出现近似断流现象，河流水量变化大。因此，河道水位高于沿岸地下水位，导致河水会由于重力逐渐向地下水渗漏。根据研究区域河床河岸性质及区间段起始断面流量，计算浑河流域沈抚段河道单位河长损失量，见表 5.32。

表 5.32　浑河流域沈抚段河道单位河长损失量　　　　单位：m³/（L·s）

河段	1月	2月	3月	4月	5月	6月	7月	8月	9月	10月	11月	12月
1#	0.0039	0.0030	0.0035	0.0044	0.0167	0.0127	0.0142	0.0195	0.0074	0.0045	0.0038	0.0042
2#	0.0039	0.0030	0.0036	0.0045	0.0166	0.0125	0.0142	0.0194	0.0074	0.0047	0.0039	0.0042
3#	0.0040	0.0031	0.0037	0.0046	0.0165	0.0121	0.0141	0.0196	0.0073	0.0049	0.0041	0.0043
4#	0.0040	0.0032	0.0037	0.0047	0.0164	0.0120	0.0139	0.0197	0.0073	0.0050	0.0041	0.0044
5#	0.0040	0.0032	0.0037	0.0048	0.0164	0.0119	0.0137	0.0193	0.0073	0.0052	0.0042	0.0044
6#	0.0041	0.0033	0.0038	0.0049	0.0163	0.0117	0.0137	0.0195	0.0073	0.0053	0.0043	0.0044

利用 Arcgis10.2 对研究区域的遥感影像进行分析，确定各个区间段的河长，结合表 5.32 中的单位河长损失量，计算浑河沈抚段流域河道渗漏需水量，见表 5.33。

表 5.33　浑河流域沈抚段河道渗漏需水量　　　　单位：m³/s

河段	1月	2月	3月	4月	5月	6月	7月	8月	9月	10月	11月	12月
1#	0.0070	0.0054	0.0064	0.0079	0.0302	0.0231	0.0258	0.0354	0.0134	0.0082	0.0069	0.0076
2#	0.0140	0.0109	0.0129	0.0160	0.0594	0.0448	0.0507	0.0695	0.0263	0.0168	0.0140	0.0151
3#	0.0118	0.0093	0.0109	0.0138	0.0490	0.0360	0.0418	0.0581	0.0217	0.0146	0.0121	0.0129
4#	0.0075	0.0059	0.0069	0.0088	0.0307	0.0225	0.0261	0.0368	0.0137	0.0094	0.0077	0.0082
5#	0.0109	0.0086	0.0101	0.0129	0.0441	0.0321	0.0369	0.0520	0.0197	0.0139	0.0113	0.0118
6#	0.0110	0.0088	0.0102	0.0131	0.0439	0.0316	0.0370	0.0526	0.0197	0.0143	0.0115	0.0120

由表 5.33 可知，渗漏需水量主要受区间段起始断面流量控制，5~8 月起始断面流量较大，单位河长损失量较大，导致河道渗漏需水量较高，占全年总量的 63% 左右，其余月份河道渗漏需水量较低。总体来说，研究区域渗漏需水量很小，说明浑河河道附近的地下水相对较丰富。

5.4.6　河流岸边植被生长生态需水量计算

根据 Hargreaves 法对流域内 20 年（1993~2012 年）温度等一系列气象资料进行分析计算，求得浑河流域沈抚段植被蒸散能力 ET_0，见表 5.34。

表 5.34　浑河流域沈抚段植被蒸散能力 ET。　　　　　　单位：mm/d

河段	1 月	2 月	3 月	4 月	5 月	6 月	7 月	8 月	9 月	10 月	11 月	12 月
1#	0.70	1.23	2.12	3.05	4.75	5.00	5.47	5.60	3.04	2.59	1.79	0.37
2#	0.72	1.23	2.15	3.04	4.63	5.15	5.52	5.66	3.05	2.62	1.80	0.36
3#	0.73	1.24	2.17	3.03	4.52	5.30	5.57	5.73	3.06	2.64	1.82	0.34
4#	0.75	1.24	2.19	3.02	4.40	5.44	5.62	5.80	3.07	2.67	1.84	0.33
5#	0.76	1.25	2.22	3.01	4.29	5.58	5.67	5.86	3.08	2.70	1.85	0.32
6#	0.77	1.25	2.24	3.00	4.17	5.74	5.72	5.93	3.09	2.73	1.87	0.30

利用傅抱璞公式对植被蒸散能力及流域内 20 年（1993～2012 年）降水量等一系列水文资料进行分析计算，求得浑河流域沈抚段植被蒸发量 ET，见表 5.35。

表 5.35　浑河流域沈抚段植被蒸发量 ET　　　　　　单位：mm

河段	1 月	2 月	3 月	4 月	5 月	6 月	7 月	8 月	9 月	10 月	11 月	12 月
1#	5.76	7.43	14.13	28.99	48.76	89.88	172.75	158.34	35.92	32.62	17.53	5.49
2#	5.75	7.45	14.01	29.16	48.30	89.62	170.69	156.21	36.54	32.56	17.56	5.43
3#	5.73	7.47	13.88	29.34	47.84	89.34	168.62	154.07	37.16	32.49	17.60	5.37
4#	5.72	7.49	13.75	29.51	47.38	89.05	166.54	151.92	37.79	32.42	17.64	5.28
5#	5.70	7.51	13.63	29.67	46.94	88.76	164.61	149.92	38.37	32.36	17.67	5.19
6#	5.68	7.53	13.49	29.86	46.43	88.42	162.38	147.61	39.04	32.28	17.70	5.15

由表 5.35 可知，各区段的月植被蒸散能力主要受温度及降水量的影响，5～8 月温度较高，降水量较大，导致植被蒸发量较大，占全年的 75% 以上，且 7 月份的植被蒸发量最大，达到 160mm 以上。1 月、12 月植被蒸发量较小，仅为 5.5mm 左右。

根据遥感影像资料，确定各区间段河岸草地植被面积，计算浑河流域沈抚段植被生长生态需水量，见表 5.36。

表 5.36　浑河流域沈抚段植被生长生态需水量　　　　　　单位：m³/s

河段	1 月	2 月	3 月	4 月	5 月	6 月	7 月	8 月	9 月	10 月	11 月	12 月
1#	0.0004	0.0005	0.0009	0.0020	0.0033	0.0061	0.0117	0.0108	0.0024	0.0023	0.0012	0.0004
2#	0.0008	0.0009	0.0019	0.0039	0.0064	0.0120	0.0228	0.0209	0.0049	0.0044	0.0024	0.0007

续表

河段	1月	2月	3月	4月	5月	6月	7月	8月	9月	10月	11月	12月
3#	0.0007	0.0008	0.0016	0.0032	0.0053	0.0099	0.0188	0.0171	0.0041	0.0036	0.0020	0.0005
4#	0.0004	0.0005	0.0009	0.0020	0.0033	0.0063	0.0116	0.0107	0.0027	0.0023	0.0012	0.0004
5#	0.0005	0.0008	0.0013	0.0029	0.0047	0.0089	0.0165	0.0151	0.0039	0.0032	0.0017	0.0005
6#	0.0005	0.0008	0.0013	0.0031	0.0047	0.0089	0.0164	0.0149	0.0040	0.0032	0.0017	0.0005

由表 5.36 可知，5~8 月植被生长生态需水量较大，占全年的 80%以上；1 月、12 月植被生长生态需水量较小，仅为 0.0005m³/s 左右，仅占全年的 2%。这种差异的存在与浑河本身的严寒地区河流特征与季节性差异条件有关。另外，可看出植被生长生态需水量较小，说明河流周边植被较少，需加强护堤护岸，提高生态建设意识。

5.4.7 河流生态环境需水量计算

浑河流域沈抚段为内陆城市严寒地区河流，其生态环境需水量主要包括河流基本生态需水量、自净生态需水量、输沙生态需水量、水面蒸发需水量、河道渗漏需水量及补给地下水、维持岸边植物正常生长需水量。为了保证生态环境需水量的准确性和连续性，将研究区域划分为 6 个区段，利用生态环境需水的年内展布方法计算各月生态环境需水量，更加真实可靠地反映各区间段需水量随时间、季节的变化情况。

根据功能性用水最大原则，取基本生态需水量、近期水质目标的自净生态需水量及输沙生态需水量三者的最大值作为河道主流需水量，取河道渗漏需水量、岸边植被生长生态需水量的最大值作为补给地下水、维持岸边植物正常生长需水量，结合水面蒸发、河道渗漏需水量，确定浑河流域沈抚段区域 6 个区段的生态环境需水量的综合计算结果见表 5.37。

表 5.37 生态环境需水量的综合计算结果表
单位：m³/s

河段	类型	1月	2月	3月	4月	5月	6月	7月	8月	9月	10月	11月	12月
1#	正常年	18.71	13.21	16.93	23.65	126.75	88.35	104.70	166.66	55.44	22.51	18.15	20.40
	干旱年	16.51	11.89	15.49	20.60	99.37	70.26	80.81	120.60	37.40	20.78	16.14	18.61
2#	正常年	19.02	13.74	17.70	25.78	125.60	86.88	102.71	166.00	56.10	24.41	19.02	20.69
	干旱年	17.19	12.56	16.51	22.76	100.06	70.49	80.03	119.32	37.39	22.34	16.78	19.01

河段	类型	1月	2月	3月	4月	5月	6月	7月	8月	9月	10月	11月	12月
3#	正常年	19.49	14.50	18.39	27.00	121.55	84.67	99.93	165.62	55.36	26.65	20.58	21.78
	干旱年	17.63	13.44	17.72	24.59	97.52	65.95	77.39	117.55	36.73	23.93	17.81	19.91
4#	正常年	19.82	14.54	18.69	27.15	124.00	86.56	102.72	165.73	54.77	27.66	20.93	22.12
	干旱年	17.67	13.53	17.75	24.43	94.29	63.55	74.73	116.49	35.67	24.39	17.91	19.95
5#	正常年	20.37	14.87	19.71	28.81	121.32	84.67	99.49	164.14	55.72	29.34	21.53	22.64
	干旱年	17.75	13.73	18.28	25.43	93.02	62.01	71.14	110.60	35.32	25.09	18.02	19.98
6#	正常年	20.69	15.29	20.47	30.36	125.00	87.00	101.82	163.66	55.68	30.98	22.27	23.07
	干旱年	18.42	14.56	19.43	27.06	92.16	60.30	70.54	110.37	35.47	26.39	18.85	20.51

由表 5.37 可知，正常年和干旱年生态环境需水量变化趋势一致，均在 8 月份达到最大，10 月~次年 4 月较低。结合表 5.25，正常年生态环境需水量与干旱年生态环境需水量之间的差值小于正常年基本生态需水量与干旱年基本生态需水量之间的差值，这主要归因于自净生态需水量：研究区域污染较重，自净生态需水量较大，导致干旱年河道主流需水量主要受自净生态需水量控制。通过与河道多年平均流量对比得出，河道平均流量仅满足干旱年 5~8 月生态环境需水量要求，其他情况均表现为水资源缺乏状态。从河道走向上看，上游到下游 10 月~次年 4 月生态环境需水量沿河道走向呈增加态，但整体变化范围都不大。

总之，各区间段生态环境需水量均在 11.89~166.66m³/s 范围内变化，沿河道走向，各个断面的整体生态环境需水量并无明显差别；对比河流多年平均流量，分析得出现状多年平均河道流量仅满足干旱年 5~8 月生态环境需水量要求。另外，自净生态需水量相对较大，需加强排污口污染整治力度来改善整个研究区域的生态环境。

6

河流水质影响因素
模拟技术与应用

河流水质的污染不仅影响水生动植物的生长繁衍以及水环境的生态功能，而且对人类的活动也会产生极大影响。城市河流水源地肩负着维持人类生产生活的重任，农田灌溉、城市景观用水、工业生产、生活给水等对于水质均有不同等级的要求，一旦河流水质遭受污染，将严重危害人类的正常发展。为保证人类生产生活需要，并且维持生态环境的动态平衡，通过对影响河流水质变化规律的因素进行研究，选择有效途径改善河流的水质污染，使河流水质稳定达标。河流的自净作用、支流排污口等点源、降雨径流等面源污染都会对河流水质产生影响。

在早期模型还未兴起，由于庞大的计算量限制了数学方法对水质变化的研究，故多采用相关分析、回归分析等方法进行水质变化分析，或者对河流水质实地采集资料进行统计分析，1970 年 Gibbs 统计了世界范围内 100 条以上河流的水质资料，对河流的主要离子成分，包括起源进行了分析研究。20 世纪 90 年代后，随着各类模型研究的发展与完善，加之计算机技术带动数值模拟运算的飞速提升，使得模型和数值运算在河流水质变化研究中的应用开始普及。1996 年，Sokolov 和 Caissie 分别运用模型模拟、水文分割法，对 Yarra 河水质参数以及某一河流主要离子浓度的变化规律进行了研究分析。目前，针对河流水质变化规律的研究方法大体分为三种：

① 对比历史与现代水质资料，并展开分析和评价。1989 年，Marchand 和 Meybeck 以前十年陆地水水质监测资料为基础，首次对陆地淡水水质进行了全球性评价。Hirsch 等早在 1982 年就开发了季节性肯达尔检验法，用数学方法进行水体水质的趋势分析。该方法的主要优势在于对监测资料存在非正态分布特征的趋势分析。

② 建立监测系统，对河流水质进行长期监控和检测。在河流上修建水文站，对河流水质指标（如 COD、BOD_5 等）进行实时监测，并进行每日或每月的定期采样分析。

③ 建立相应的水质模型，对影响水质变化的因素进行分析并预测水质变化的趋势。DHI 公司研发的 Mike 软件系列，包含 AD、Ecolab 等模块在内，可进行区域水质数值模拟计算研究，根据输出结果文件的拟态动图，可更简单直观地分析污染物的传播扩散以及受各种因素影响的衰减消解。

我国对河流水质变化的研究可追溯至 20 世纪 70 年代末。1978 年，台湾学者徐玉标将台湾 60 和 70 年代的河流水质数据对比后显示，因人类活动（如未经处理的生产生活废水直排入河等），导致 60~70 年代间台湾多数河道水体电导率显著增强。1991 年，水利部杨建波等采用季节性肯达尔检验法，估算了河流水质污染变化趋势。2005 年，武君采用非机制新方法（BP 神经网络法）对淮河安徽段水质进行了模拟预测，模拟与实测结果较吻合，预测的结果也在可控范围内。2009年，卜红梅等运用多元统计法对秦岭南坡的金水河流域的水质进行了分析评价，指出该流域的水质季节性变化较为显著，并对水质在空间上的污染程度进行了研究。2017年，邱瑀等将多元统计与Qual2Kw水质模型相结合，对湟水河流域水质的变化进行了研究，研究表明该流域氨氮和总氮严重超标，汛期水质质量明显高于非汛期，点源污染影响较重。

以浑河沈抚段为例，建立相应的水质模型，进行不同因素对河流水质影响的模拟与分析。

通过干流上两个水文站多年的径流量实测资料，对浑河流域沈抚段的丰、平、枯年型进行划分，确定研究区域多年的流量分配情况，浑河流域沈抚段主要以枯水年为主，多年平均流量在12～15m²/s左右，枯水年非汛期水质污染较重，汛期也无法稳定达标，并据此选定2014年10月～2015年9月作为研究区域的典型水文年，使接下来模型通过典型水文年模拟流域水质变化的方法更具代表性。通过选定干流上抚顺段的抚顺（二）站及沈阳段的沈阳（三）站所在断面作为模型水动力条件率定及验证的控制断面，再选定和平桥、高阳橡胶坝、下伯官坝、东陵大桥、王家湾橡胶坝、长青桥等六个水工构筑物附近作为水质指标的监测断面，用以对模型的模拟结果进行率定和验证。

6.1 模型构建

丹麦水利研究所（DHI）基于马斯京根模型、圣维南方程组以及追赶法等原理开发的Mike11软件是目前世界上应用最为广泛的河流水文模拟软件，其功能强大，具有可靠性强、计算精度高等特点，能无限模拟复杂河网的水流变化情况以及闸坝等水工构筑物的运营灵活调度。通过Mike11软件的不同模块不仅可以模拟河流水质水量的实际变化，根据需要还可以进行海绵城市、黑臭水体、城市管网等多种模型构建，操作简单、便于观察，并可以对河流污染物运输、洪水演变、管网输水等情况进行实时动态模拟。

为考虑浑河流域汛期降雨径流的污染，适合浑河流域沈抚段水文特征的降雨-水动力-水质模型是采用Mike11软件的降雨径流（NAM）和水动力（HD）模块进行耦合，完成径流及水动力参数率定。在降雨-水动力模型提供的流量与水位模拟结果的基础上，为考虑河流中污染物的迁移扩散和自净作用，加入对流扩散（AD）和生态（Ecolab）模块进行水质模型的构建，并完成水质参数的率定。

6.1.1　降雨径流模型的构建

（1）理论背景

NAM 模型作为一个概念性的集总式模型，结构较为简单：将每个子流域视为一个单元，通过研究流域的自然水文特征，可以初步确定流域参数及变量的取值，然后以流域已有的历年水文资料作为时间序列输入模型，将模拟形成的径流值与流域出口实测径流值相对比，来进行参数的率定，最终得到符合流域实际水文特征的降雨径流模型。其模拟流域内的降雨径流形成过程如图 6.1 所示。

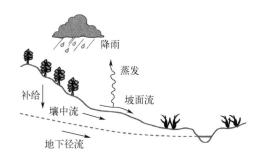

图 6.1　降雨径流形成过程

NAM 降雨径流模块既可以单独使用，也可以用于计算一个或多个产流区。在模型中产生的径流若属于面源影响则作为旁侧入流输入，若属于点源影响则作为支流入流，输入到 Mike11 软件的水动力（HD）模型的河网中，NAM 模型产流类型如图 6.2 所示。采用这种方法，可以在同一模型框架内处理单个或众多汇流区和复杂河网的大型流域。

图 6.2　NAM 模型产流类型

（2）基本原理

NAM 模型主要基于水文循环的物理结构和半经验方程,产汇流分地下、地表、浅层和融雪蓄水层共 4 层蓄水体进行模拟计算,其模型结构由陆面水文循环过程以及过程中不同土壤状态和水分在 4 种蓄水层中的运动途径构成,NAM 模型结构如图 6.3。

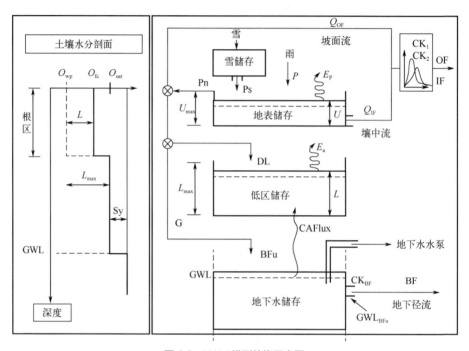

图 6.3　NAM 模型结构示意图

Mike11 系统将融雪模块作为一个独立、可选的模块嵌在 NAM 模型中,在模拟研究流域降雨径流产生时,降雪进入融雪水库储备起来,若气温达到基准温度时积雪开始融化,当积雪含水量超过积雪的最大持水能力时就产生了融雪径流,并直接汇入地表蓄水层。其融雪径流产生的公式如下。

$$Q_{\text{melt}} = \begin{cases} C_{\text{snow}}(T - T_0) & T > T_0 \\ 0 & T \leqslant T_0 \end{cases} \quad (6.1)$$

$$P_{\text{S}} = \begin{cases} Q_{\text{melt}} & \text{WR} \geqslant C_{\text{wr}} S_{\text{snow}} \\ 0 & \text{WR} < C_{\text{wr}} S_{\text{snow}} \end{cases} \quad (6.2)$$

式中　Q_{melt}——融雪量,mm;

　　　C_{snow}——融雪系数,mm/(℃·d);

T——气温，℃；

T_0——基准温度，℃；

P_S——融雪径流；

S_{snow}——储雪量，mm；

C_{wr}——积雪持水系数；

WR——积雪含水量，mm。

当流域的河川径流补给受融雪影响很小，主要由降雨来水补给时，可以忽略融雪蓄水层的影响，即不采用融雪模块对径流进行模拟计算。降雨进入地表蓄水层后，一部分由于蒸散发被消耗，一部分对地表蓄水库进行补充，当地表蓄水容量超过其可承受的最大值时，模型将对净雨量（降雨量扣除蒸发、截留等损失后所得的水量）进行一次分配，一部分形成地表径流，另一部分形成下渗流量。其地表径流计算如式（6.3）所示。

$$Q_{OF} = \begin{cases} C_{QOF} \dfrac{L/L_{max} - TOF}{1 - TOF} P_N & L/L_{max} > TOF \\ 0 & L/L_{max} \leqslant TOF \end{cases} \qquad (6.3)$$

式中　Q_{OF}——地表径流；

C_{QOF}——坡面流系数，一般取值范围为 0.01～0.9；

L——土壤层/根区含水量，mm；

L_{max}——土壤层/根区最大含水量，mm；

TOF——地表径流的根区阈值，一般取值范围为 0～0.7；

P_N——净雨量，mm。

NAM 模型采用两层模型进行蒸散发水量的模拟计算。当该地表蓄水层的蒸散发小于其蓄水能力时，蒸散发量按该蓄水层中能够达到的最大蒸散发能力计算，蒸散发的水量均由地表蓄水层中的蓄水量提供；当蒸散发能力超过地表蓄水层蓄水能力时，蒸散发量由地表和浅层蓄水层共同提供。其计算公式如下。

$$E = \begin{cases} E_P & U \geqslant E_P \\ U + E_a & U < E_P \end{cases} \qquad (6.4)$$

$$E_a = (E_P - U)L / L_{max} \qquad (6.5)$$

式中　E——地表蓄水层蒸发量，mm；

E_a——浅层蓄水层实际蒸发量，mm；

E_P——蒸散发能力，mm；

U——地表蓄水层蓄水量，mm；

L/L_{max}——根系带相对含水量。

本模型将降雨产生的地表径流视作旁侧入流（面源影响），从而对流域降雨径流的形成进行模拟计算，由于浑河流域沈抚段地表径流主要通过降雨补充，故在此不考虑融雪模块对径流的影响。

（3）数据采集

构建 NAM 模型需要输入的数据包括研究区域的气象数据以及流量数据，其中气象数据包括历年各水文站的降雨量和蒸发量。将已有的气象数据输入模型自带的时间序列文件，进行周期内的降雨径流模拟计算。为保证模型计算的准确度，按照地理位置将浑河沈抚段流域划分为抚顺段（大伙房水库—高阳橡胶坝区段）、沈阳段（高阳橡胶坝—浑河闸区段）两个子流域，分别对两个子流域的降雨径流过程进行模拟计算。收集辽宁省水文局包括大伙房水库、东洲（二）站、东陵站、抚顺（二）站、沈阳（三）站在内共 5 个水文站的降雨量和蒸发量数据，由于两个区域空间分布不同，使得产生汇流的时间有所差异，依据泰森多边形法对 5 个水文站的位置在子流域中所占的权重比例进行计算分析，由此计算各子流域的日平均降雨量和蒸发量，并将得到的蒸发量和降雨量数据以天为单位输入到 NAM 模型的时间序列中，进行区域降雨径流的模拟计算。

由于浑河沈抚段属于中大型流域，且监测数据有限，单独进行 NAM 模块的率定误差较大，故通过与水动力模块进行耦合，并以水文站已有的流域径流量数据进行模型的率定。

（4）参数的确定

由于 NAM 模型的参数代表流域范围内的平均值，基本上都无法通过对流域特性的定量测试得到，因此需要先给定 NAM 模型主要参数的初始值，再对参数进行率定，即根据子流域出口处实测径流数据，对参数取值加以修正，由此确定各子流域的参数。降雨径流主要参数确定的具体步骤如下：

① 根据 Mike11 手册中的 NAM 模型参数推荐值，确定初始参数取值范围。NAM 模型主要参数的描述、影响及推荐取值范围如表 6.1 所示。

② 根据研究区域所在地的水文地质、土层分类等勘察资料，参考相关文献，初步拟定浑河流域抚顺段和沈阳段两个子流域的参数初始值。

③ 与水动力模块进行耦合，通过子流域出口水文站已有的实测径流资料，不断调整参数的取值，保证流域的水量平衡，并使模拟径流过程线接近实测径流过程线，从而完成参数的确定。

表6.1 NAM模型主要参数的描述、影响及推荐取值范围

主要参数	描述	影响	一般取值范围
U_{max}	地表储水层最大含水量	坡面流、入渗、蒸散发和壤中流。控制总水量平衡	10～25mm
L_{max}	土壤层/根区最大含水量	坡面流、入渗、蒸散发和基流。控制总水量平衡	50～250mm，$U_{max}\approx0.1L_{max}$
C_{QOF}	坡面流系数	坡面流量和入渗量	0～1
C_{KIF}	壤中流排水常数	控制峰值壤中流产生的大小和相位	500～1000h
TOF	坡面流临界值	汛期开始时延迟地表径流的形成	0～1
TIF	壤中流临界值	汛期开始时延迟壤中流的形成	0～1
TG	地下水补给临界值	汛期开始时延迟地下水补充的发生	0～1
CK_{12}	坡面流和壤中流时间常量	坡面流和壤中流盐酸。控制地表径流形状	3～48h
CK_{BF}	基流时间常量	地下水补给演算。控制基流形状	500～5000h

6.1.2 水动力模型的构建

（1）理论背景

Mike11水动力模型基于以下几个假定：不可压缩、均质流体；基本是一维流态；坡降小、纵向断面变化幅度小；静水压力分布均匀。通过两个基本方程——连续性方程（质量守恒定律）以及动量方程（牛顿第二定律），得到的圣维南方程就是模型反映有关物理定律的微分方程，如式（6.6）所示。

$$\frac{\delta Q}{\delta x}+b\frac{\delta h}{\delta t}=q\frac{\delta Q}{\delta t}+\frac{\delta\left(\alpha\dfrac{Q^2}{A}\right)}{\delta x}+g\frac{Q|Q|}{C^2AR}=0 \tag{6.6}$$

式中　A——过水断面面积，m^2；

　　　Q——过流流量，m^3/s；

　　　h——水位，m；

　　　C——谢才系数；

　　　g——重力加速度；

　　　α——动量校正系数；

　　　b——河宽，m；

　　　q——旁侧入流量，m^3/s；

　　　R——水力半径，m；

　　x、t——计算点空间坐标、计算点时间坐标。

Mike11 水动力模型采用明渠不稳定流隐式格式有限差分解。所用的有限差分格式就是 6 点 Abbott-Ionescu 格式，其计算网格点布置方式如图 6.4 所示。

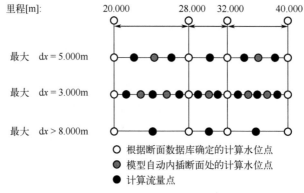

图 6.4　计算网格点布置方式

（2）绘制河网与断面文件

以已有的水文资料为基础，绘制浑河沈抚段的河网文件，建立的河网应符合浑河沈抚段的实际水利特征。绘制步骤如下。

① 在河网文件中导入浑河沈抚段 GIS 图像，根据图像中流域的地理位置及河道走向，进行浑河沈抚段干流及相应支流的绘制，如图 6.5 所示。

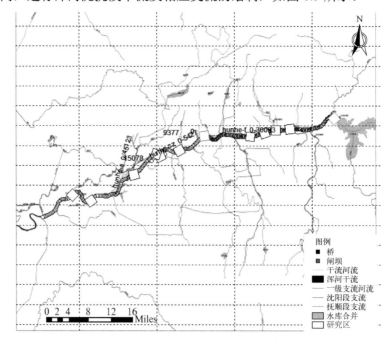

图 6.5　浑河沈抚段河网概化图

② 根据实际的勘测结果以及 GIS 定位,确定各水工构筑物(闸坝、桥梁等)在河网中的沿程分布以及相对于始末点的里程数,河网文件中沈抚段的起始点为大伙房水库,终点为浑河闸坝下。在河网文件的 Weirs(堰)模块和 Bridges(桥梁)模块中分别输入各闸坝和桥梁的已知设计参数,确定各水工构筑物的形状、类型。

③ 在河网文件的表格视图中,加入 NAM 模块中设置的子流域名称及面积,并设置子流域内产生的降雨径流对浑河沈抚段干流造成影响的起始里程数,从而将 NAM 模块的径流模拟结果与浑河沈抚段的水动力模型相关联。根据实际情况和资料,设置了抚顺段和沈阳段两个子流域,面积分别为 332hm² 和 273hm²,汇流方式均为以旁侧入流即面源的形式均匀汇入到浑河干流河段内,河网与降雨径流文件关联见图 6.6。

图 6.6 河网与降雨径流文件关联图

河网文件绘制完成后,根据实际测量的浑河沈抚段各个断面资料,绘制相应的断面文件。为精确反映研究河段的断面形状和性质,通过实际调研测量,收集了抚顺段和沈阳段共 125 个断面的勘测数据,以此确定各个断面的河床高程 Z 和起始距 X,浑河沈抚段断面生成文件如图 6.7 所示。

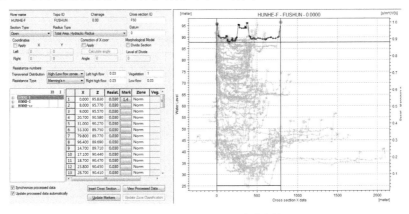

图 6.7 浑河沈抚段断面生成文件

（3）边界条件与时间序列

边界条件包括外边界和内边界条件。外边界条件是指模型中河流的起始和终止的河段端点（上、下边界），控制着物质流入或流出模型的所在区域，须设定为开边界即给定端点流量或水位等水文条件，亦可设置为 closed 即闭合边界，河流到此即断流，没有物质的进出，方可进行模型的计算。内边界条件是指内部河段受到点源或者面源的影响，有物质的沿途流入或者流出，典型的例子包括降雨径流的入流、工厂排水、自来水厂取水等。为方便研究计算，在此将沿途对模型河段流量产生影响的支流口、排污口等设定为点源输入边界条件；由于降雨产生的径流作为旁侧入流进入河网，故 NAM 模块的模拟结果将作为面源输入边界条件中。

时间序列是通过实测资料设定各支流、排污口及上下边界的水位和流量在不同时刻的不同数值，将其输入至边界条件中。模型选择以大伙房水库出流为上边界（开边界），设定输入流量作为上边界的时间序列条件，下边界为浑河闸坝下（开边界），输入水位作为下边界的时间序列条件。

（4）参数的确定

水动力模型的参数包括初始条件以及河床糙率。通过 HD 参数文件设定初始的水位、流量，与模拟开始时河网实际水动力条件保持一致，以保证模拟的稳定启动。

河床糙率是表征河道底部和岸壁影响水流阻力的各种因素的综合系数，是影响水动力模拟结果的主要因素。根据浑河沈抚段河段特征，通过天然河道经验取值确定河床糙率的取值范围，通过不断对河床糙率进行修改，最终确定浑河抚顺段的平均糙率为 0.03，沈阳段的平均糙率为 0.028。天然河道糙率参考取值范围如表 6.2 所示。

表 6.2　天然河道糙率参考取值范围

序号	河床形态	河床糙率
1	河道顺直，河底为砂质，水流通畅，河床规整，河岸两侧形状较整齐	0.02～0.026
2	河道大部分顺直或下游存在部分弯曲，河底为砂质，水流较通畅，两岸长有杂草	0.025～0.029
3	河道不完全顺直，上下游均存在弯曲，水流较通畅，回流和斜流现象不明显，两岸长有杂草	0.03～0.034
4	河道顺直较短，且与上下游弯曲段连接，河床由鹅卵石或石块组成，河床断面不整齐，两岸有陡坡且存在杂草和树木	0.035～0.04
5	河道不顺直，水流不通畅，存在回流、死水等现象，河床由大乱石或卵石组成，两岸崎岖，长有杂草和树木	0.04～0.1

6.1.3 水质模型的构建

采用 Mike11 模型中的对流扩散（AD）以及生态模拟（Ecolab）模块，进行浑河沈抚段的水质模型的构建。

AD 模块用于模拟河流中物质的迁移转化，通过设定相应的参数（扩散系数、衰减系数等）和边界条件，反映河流中污染物浓度的时空变化。由于衰减系数的设定是固定不变的，而污染物受河流中各种因素的影响，其降解规律时刻在变化，为较准确地反映浑河沈抚段污染物的衰减情况，使模型更加精准，故在 AD 模块中引入 Ecolab 模块，进行耦合模拟计算。

Ecolab 模块则主要考虑河流中的生化降解作用，可以更好地描述污染物在水环境中复杂多变的规律，并对产生影响的因素进行定量分析。

（1）状态变量的确定

将 Ecolab 模块的生化降解模拟计算代替 AD 模块中固定的衰减系数，使两个模块耦合，构建浑河沈抚段的生态水质模型。由于主要的水质指标包括 COD 和氨氮，因此确定的状态变量有 COD、氨氮。水质中 COD 用于模拟有机质含量，降解符合一级动力学反应规律，故在此仅考虑其线性降解，不考虑溶解氧（DO）对其浓度的影响，其平衡方程如式（6.7）。

$$\frac{\partial COD}{\partial t} = -k_1 ARRHENIU20(Tetadcod,Temp) \cdot COD \tag{6.7}$$

式中，k_1 为降解系数；ARRHENIUS20 为温度校正函数；Tetadcod 为校正常数；Temp 为水温，℃。

对水中氨氮含量的影响因素主要包括植物的吸收、微生物的硝化作用以及有机物的释放等，同时由于温度和溶解氧会影响硝化反应速率，故氨氮的平衡方程如式（6.8）。

$$\frac{dC_N}{dt} = \frac{K_D^2}{K_S + K_D^2}\left[\left(Y_d - 0.109\right)K_d \Theta_d^{(T-20)} - K_N \Theta_N^{(T-20)}\right] - 0.066C_{DO} \tag{6.8}$$

式中，C_N 为氨氮浓度，mg/L；Y_d 为有机物的氨氮释放率；K_N 为 20℃时的硝化反应速率；K_S 为半饱和常数；Θ_N 为硝化反应的温度校正系数；K_D 为溶解氧降解系数；K_d 为 20℃时有机物的降解系数；Θ_d 为有机物降解过程的温度校正系数；T 为水温，℃；C_{DO} 为溶解氧含量，mg/L。

（2）水质边界条件的设置

在水动力模块的边界条件中添加水质边界，将各支流排污口概化为点源，根据已有的水质数据，设置各个点源的水质边界中污染物的浓度以及排放量，从而将水动力与水质模型耦合，浑河沈抚段水质边界条件设置如图 6.8 所示。

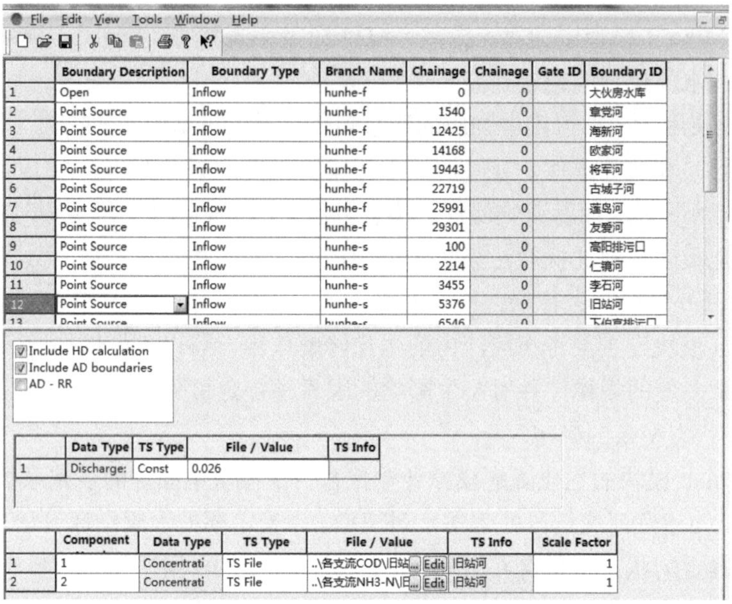

图 6.8　浑河沈抚段水质边界条件设置

（3）水质参数的确定

水质参数主要包括扩散系数和衰减系数，由于是在 AD 模块的基础上采用 Ecolab 来模拟污染物的生化降解，故在 AD 模块中不再设置固定的衰减系数，通过 Ecolab 反映不同时期下污染物的衰减速率。

由于 Ecolab 模块中的参数较多，在进行模拟时部分参数参考了波托马克模型的参数及 Mike11 用户手册，并对选取的参数值进行了调整，以便符合浑河沈抚段的水环境特征，生态模拟的主要参数选取如表 6.3 所示。

表 6.3　生态模拟的主要参数选取

参数名称	符号	模拟取值	参考取值
20℃硝化反应速率/d^{-1}	K_N	0.16	0.09～0.21
半饱和常数/（mg/L）	K_S	0.4	0.5
20℃有机物降解系数/d^{-1}	K_d	0.14	0.15～0.22
K_d 的温度系数	Θ_d	1.04	1.047
K_N 的温度系数	Θ_N	1.05	1.08

扩散系数描述污染物在水体中随水流的扩散作用，由于浑河流域沈抚段河道的水流主要为纵向流，污染物的横向扩散几乎可以忽略，故主要考虑污染物在河流中的纵向扩散。河流的扩散系数取值采用经验取值法，根据浑河沈抚段河网的水利特征，查阅相关资料，总结类似河流的系数取值范围，得到国内部分河流扩散系数的取值，如表6.4所示。

表6.4　国内部分河流扩散系数的取值

序号	河流流域	扩散系数/（m²/s）
1	太湖	8
2	梁滩河	10
3	浑河沈阳段	6～10
4	一般小溪、河流	1～5；5～20
5	太子河本溪段	7
6	赣江万安段	15

根据表6.4中类似河流的取值，结合浑河流域沈抚段河网的水文特点，得到抚顺段扩散系数为5m²/s，沈阳段扩散系数为7m²/s。

6.2　模型的率定与验证

6.2.1　降雨径流模型的率定

在与水动力模块耦合的情况下，通过子流域出口的径流过程线对降雨径流（NAM）模块的参数进行率定。依据辽河流域的浑河沈抚段实测数据，对模型的主要参数进行率定。NAM模型的主要参数率定结果如表6.5所示。

表6.5　NAM模型的主要参数率定结果

参数	抚顺段率定值	沈阳段率定值
U_{max}	18.5	18.7
L_{max}	243	245
C_{QOF}	0.36	0.356

续表

参数	抚顺段率定值	沈阳段率定值
C_{KIF}	718.9	728.8
CK_{12}	28	31
TOF	0.965	0.813
TIF	0.923	0.799

通过选定适合 NAM 模型的参数，获得符合实际的研究流域降雨径流形成情况，为浑河流域沈抚段水动力情况提供了可靠的入流条件。

针对 NAM 模型参数产生的误差，分析可得：

① 由于未加入融雪模块，使得冬季降雨径流的产生受到一定的影响，导致参数的率定具有偏差。

② 缺乏浑河流域的渗漏水量，使得模型对渗漏考虑较少，从而可能使模型的率定结果具有偏高的可能性。

虽然 NAM 模型的率定参数存在一定的偏差，但是误差较小且在合理范围之内，故可满足浑河流域沈抚段的应用。

6.2.2　水动力模型的率定及验证

以抚顺（二）、沈阳（三）两个水文站已有的实测流量及水位数据，对浑河流域沈抚段水动力的模拟情况进行率定和验证，并对模型的精度进行分析，以确保模拟结果的可靠性。其流量和水位的率定与验证结果如图 6.9～图 6.16 所示。

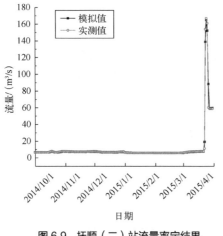

图 6.9　抚顺（二）站流量率定结果

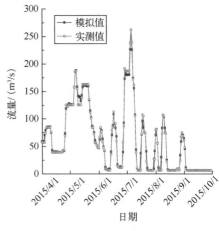

图 6.10　抚顺（二）站流量验证结果

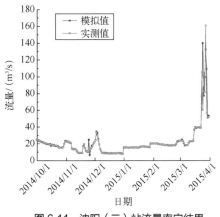

图 6.11 沈阳（三）站流量率定结果

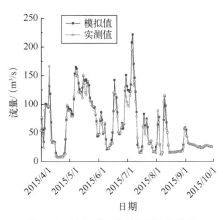

图 6.12 沈阳（三）站流量验证结果

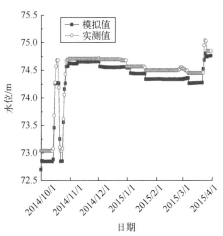

图 6.13 抚顺（二）站水位率定结果

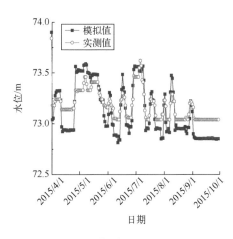

图 6.14 抚顺（二）站水位验证结果

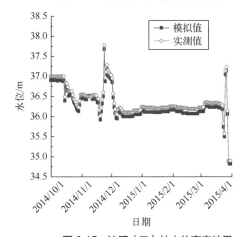

图 6.15 沈阳（三）站水位率定结果

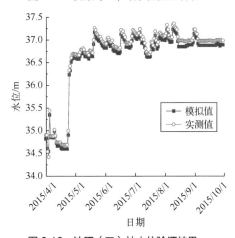

图 6.16 沈阳（三）站水位验证结果

由图 6.9～图 6.16 可知，利用建立的浑河流域沈抚段水动力模型，模拟的两水文站的出流量及水位过程线，与实测整体趋势相近。相关系数适用于度量模拟值和实测值之间的线性关系，可对模型模拟结果进行评价。经计算，两站的相关系数如表 6.6 所示。相关系数越接近 1，两变量之间的线性联系越紧密。由表 6.6 可知两站的流量和水位拟合效果很好，相关系数均在 0.9～1 之间，模拟与实测值的过程线基本保持一致。又经计算，抚顺（二）站流量的相对误差波动范围基本在 −5%～10% 之间，水位的相对误差波动范围基本在 −1%～1% 之间，且水位值的波动范围基本在 10～20cm；沈阳（三）站流量的相对误差波动范围基本在 −6%～9% 之间，水位的相对误差波动范围基本在 −1%～1% 之间，且水位值的波动范围基本在 10～15cm。由此可见，建立的浑河流域沈抚段水动力模型的拟合过程线趋势相近，而且模型的模拟精度较高，整体误差较小，可以较为真实地反映浑河流域沈抚段的水动力特征。

表 6.6 两水文站相关系数的计算取值

水文站	流量拟合相关系数	水位拟合相关系数
抚顺（二）站	0.996	0.987
沈阳（三）站	0.967	0.999

针对水动力条件产生的误差分析可得：

① 流量误差 由于通过调研获得的支流河的流量存在不稳定性，支流河的流量时刻在变化，加之测量是以天为单位，故而对支流流量的把控具有一定的偏差。并且可能存在未检测到的排污口等对干流流量造成影响的点源，从而对流量的模拟结果产生不利影响。

② 水位误差 由于实际过程中河道上的各个闸坝有时会进行停用检修等情况，导致干流水位不定期升降，致使水位的模拟结果产生误差。又由于城市景观用水的需要，实际河流水位不能低于规定的高度，因此水位的模拟值存在局部偏小的情况。

6.2.3 水质模型的率定及验证

由于浑河流域沈抚段污染的主要污染物指标为 COD 和氨氮，故水质模型主要针对二者的浓度变化进行率定及验证。在实测的水质数据基础上，以水动力模型选定的模拟周期（2014 年 10 月 1 日～2016 年 9 月 30 日）作为水质模型的率定及验证周期。选取浑河沈抚段干流上包括和平桥在内共计六个水质监测断面的实测数据进行水质模型的率定和验证，其中和平桥和王家湾橡胶坝监测断面的率定及验证结果如图 6.17～图 6.20 所示，和平桥和王家湾橡胶坝监测断面的水质模拟误差对比如表 6.7 所示。

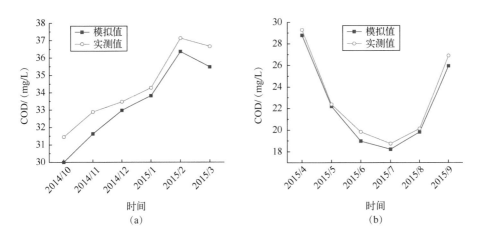

图 6.17　和平桥断面 COD 率定（a）、验证（b）图

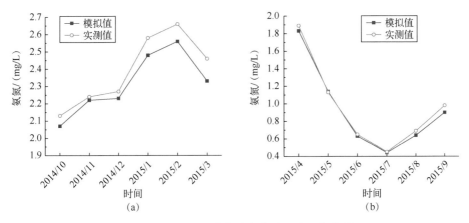

图 6.18　和平桥断面氨氮率定（a）、验证（b）图

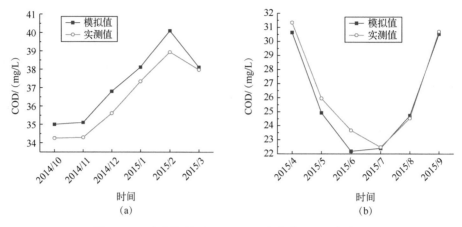

图 6.19　王家湾橡胶坝断面 COD 率定（a）、验证（b）图

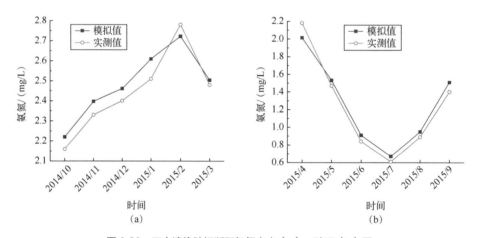

图 6.20　王家湾橡胶坝断面氨氮率定（a）、验证（b）图

表 6.7　和平桥、王家湾橡胶坝的水质模拟误差对比

断面	时间	COD			氨氮		
		实测值/（mg/L）	模拟值/（mg/L）	相对误差/%	实测值/（mg/L）	模拟值/（mg/L）	相对误差/%
和平桥	2014/10	31.46	30.00	-4.61	2.13	2.07	-2.82
	2014/11	32.89	31.63	-3.83	2.24	2.22	-0.89
	2014/12	33.47	32.98	-1.46	2.27	2.23	-1.76
	2015/1	34.28	33.82	-1.34	2.58	2.48	-3.88
	2015/2	37.13	36.36	-2.07	2.66	2.56	-3.76
	2015/3	36.66	35.48	-3.22	2.46	2.33	-5.28

断面	时间	COD			氨氮		
		实测值 /（mg/L）	模拟值 /（mg/L）	相对误差 /%	实测值 /（mg/L）	模拟值 /（mg/L）	相对误差 /%
和平桥	2015/4	29.27	28.77	−1.71	1.89	1.83	−3.17
	2015/5	22.37	22.19	−0.81	1.13	1.14	0.89
	2015/6	19.83	18.97	−4.34	0.65	0.63	−3.08
	2015/7	18.74	18.22	−2.77	0.45	0.44	−2.22
	2015/8	20.13	19.81	−1.59	0.69	0.64	−7.25
	2015/9	26.89	25.94	−3.53	0.98	0.91	−7.14
	平均值	28.59	27.85	−2.61	1.68	1.62	−3.23
王家湾 橡胶坝	2014/10	34.25	35.02	2.20	2.16	2.22	2.78
	2014/11	34.29	35.11	2.36	2.33	2.40	2.88
	2014/12	35.61	36.79	3.35	2.40	2.46	2.54
	2015/1	37.34	38.11	2.07	2.51	2.61	3.94
	2015/2	38.93	40.09	2.98	2.78	2.72	−2.09
	2015/3	37.97	38.11	0.36	2.48	2.51	0.97
	2015/4	31.34	30.63	−2.25	2.18	2.01	−7.61
	2015/5	25.95	24.92	−3.98	1.47	1.53	4.29
	2015/6	23.66	22.18	−6.26	0.84	0.91	8.40
	2015/7	22.47	22.39	−0.36	0.61	0.67	9.84
	2015/8	24.53	24.73	0.82	0.89	0.95	6.74
	2015/9	30.71	30.53	−0.59	1.40	1.51	7.86
	平均值	31.42	31.55	0.41	1.84	1.88	2.41

由图 6.17～图 6.20 可知干流水质监测断面的水质浓度实际变化过程线与模拟过程线相近，根据相关性计算可知，各个断面无论 COD 还是氨氮的模拟浓度变化趋势与实测变化趋势线性联系紧密，监测断面相关系数如表 6.8 所示，因此所建浑河流域沈抚段生态水质模型较为可靠，可以较真实地反映浑河沈抚段的水质变化规律。依据《水文情报预报规范》（GB/T 22482—2008）中可知，对水质模型模拟的相对误差要求需控制在−10%～10%之间，由表 6.7 已知率定的各个断面水质实测值与模拟值的相对误差范围基本在−7.5%～9.84%，故建立的浑河流域沈抚段生态水质模型的误差在合理的可控范围之内，满足研究区域的水质条件需要。各断面 COD 浓度的相对误差波动范围基本在−7%～5%之间，最大为−6.26%；氨

氮浓度的相对误差波动范围基本在-8%～10%之间,最大为9.84%,可见水质模型的精确度较高,误差范围较小,可较好地代表浑河流域沈抚段的水质特征。

针对水质条件产生的误差分析可得:

① 干流沿途排污口众多,由于位置的不准确性以及人为直接向干流投污的影响,使得干流水质率定结果产生一定误差。

② 虽然进行了水质生态模拟,但缺乏部分河流水质生态数据,从而使模型的准确度产生了偏差。

表6.8 各水质监测断面的相关系数取值

断面	COD拟合相关系数	氨氮拟合相关系数
和平桥	0.999	0.999
高阳橡胶坝	0.996	0.998
下伯官坝	0.993	0.997
东陵大桥	0.995	0.996
王家湾橡胶坝	0.996	0.995
长青桥	0.996	0.997

6.3 降雨径流对河流水质的影响

6.3.1 基于降雨径流的河流水质变化过程模拟

在已经构建好的耦合模型基础上,取消降雨径流模块的设置,即消除降雨径流及其附带的污染物进入河网,从而对有无降雨径流的两种情况下进行耦合模型的模拟,并对产生的浑河流域沈抚段水质前后变化规律进行分析。干流各水质监测断面有无降雨径流情况下的水质变化结果如表6.9所示。

表6.9 干流各水质监测断面有无降雨径流情况下的水质变化结果

断面	时间	COD			氨氮		
		无降雨径流/(mg/L)	加入降雨径流/(mg/L)	水质改变率/%	无降雨径流/(mg/L)	加入降雨径流/(mg/L)	水质改变率/%
和平桥	2014/10	29.73	30.00	0.91	2.00	2.07	3.50
	2014/11	31.42	31.63	0.67	2.17	2.22	2.30

续表

断面	时间	COD			氨氮		
		无降雨径流/(mg/L)	加入降雨径流/(mg/L)	水质改变率/%	无降雨径流/(mg/L)	加入降雨径流/(mg/L)	水质改变率/%
和平桥	2014/12	32.80	32.98	0.55	2.19	2.23	1.83
	2015/1	33.64	33.82	0.41	2.44	2.48	1.64
	2015/2	36.21	36.36	0.37	2.51	2.56	1.99
	2015/3	35.35	35.48	0.28	2.29	2.33	1.75
	2015/4	28.69	28.77	0.14	1.81	1.83	1.10
	2015/5	21.86	22.19	1.51	1.08	1.14	5.56
	2015/6	18.59	18.97	2.04	0.59	0.63	6.78
	2015/7	17.83	18.22	2.19	0.42	0.44	6.80
	2015/8	19.61	19.81	1.02	0.6	0.64	6.67
	2015/9	25.72	25.94	0.86	0.86	0.91	5.81
	平均值	27.62	27.85	0.82	1.58	1.62	2.79
王家湾橡胶坝	2014/10	34.42	35.02	1.74	2.13	2.22	4.23
	2014/11	34.57	35.11	1.56	2.32	2.40	3.45
	2014/12	36.18	36.79	1.69	2.38	2.46	3.36
	2015/1	37.65	38.11	1.22	2.53	2.61	3.16
	2015/2	39.66	40.09	1.08	2.64	2.72	3.03
	2015/3	37.73	38.11	1.01	2.45	2.51	2.45
	2015/4	30.41	30.63	0.72	1.97	2.01	2.03
	2015/5	24.41	24.92	2.09	1.44	1.53	6.25
	2015/6	21.79	22.18	1.79	0.85	0.91	7.06
	2015/7	21.89	22.39	2.28	0.62	0.67	8.06
	2015/8	24.24	24.73	2.02	0.88	0.95	7.95
	2015/9	29.91	30.53	2.07	1.42	1.51	6.34
	平均值	31.07	31.55	1.54	1.80	1.88	4.02
高阳橡胶坝	2014/10	26.69	33.00	0.95	2.07	2.14	3.38
	2014/11	33.27	33.51	0.72	2.24	2.30	2.68
	2014/12	35.13	35.35	0.63	2.27	2.31	1.76
	2015/1	36.31	36.52	0.58	2.47	2.51	1.62
	2015/2	37.99	38.20	0.55	2.57	2.62	1.95
	2015/3	35.69	35.85	0.45	2.35	2.39	1.70

续表

断面	时间	COD			氨氮		
		无降雨径流/（mg/L）	加入降雨径流/（mg/L）	水质改变率/%	无降雨径流/（mg/L）	加入降雨径流/（mg/L）	水质改变率/%
高阳橡胶坝	2015/4	29.26	29.35	0.31	1.94	1.96	1.03
	2015/5	23.21	23.60	1.68	1.33	1.41	6.02
	2015/6	20.58	20.98	1.94	0.70	0.74	5.71
	2015/7	19.71	20.11	2.03	0.53	0.56	5.66
	2015/8	21.77	22.02	1.15	0.76	0.81	6.58
	2015/9	28.06	28.33	0.96	1.12	1.18	5.36
	平均值	29.47	29.73	0.89	1.70	1.75	3.19
下伯官坝	2014/10	32.67	33.00	1.01	2.08	2.15	3.37
	2014/11	34.05	34.31	0.76	2.25	2.31	2.67
	2014/12	35.68	35.93	0.70	2.28	2.33	2.19
	2015/1	37.11	37.34	0.62	2.48	2.53	2.02
	2015/2	39.33	39.56	0.58	2.61	2.67	2.30
	2015/3	37.25	37.46	0.56	2.39	2.44	2.09
	2015/4	30.23	30.35	0.40	1.93	1.95	1.04
	2015/5	23.43	23.84	1.75	1.43	1.51	5.59
	2015/6	21.23	21.65	1.98	0.78	0.83	6.41
	2015/7	20.68	21.13	2.18	0.58	0.62	6.90
	2015/8	23.64	23.96	1.35	0.86	0.92	6.98
	2015/9	28.89	29.19	1.04	1.28	1.36	6.25
	平均值	30.35	30.64	0.97	1.75	1.80	3.20
东陵大桥	2014/10	33.75	34.30	1.74	2.05	2.13	3.90
	2014/11	34.54	35.04	1.56	2.27	2.34	3.08
	2014/12	36.07	36.63	1.69	2.29	2.36	3.06
	2015/1	37.06	37.46	1.22	2.48	2.55	2.82
	2015/2	39.31	39.71	1.08	2.65	2.72	2.64
	2015/3	37.67	38.03	1.01	2.36	2.42	2.54
	2015/4	30.35	30.58	0.72	1.97	2.01	2.03
	2015/5	24.12	24.55	2.09	1.45	1.53	5.52
	2015/6	21.79	22.16	1.79	0.85	0.91	7.06
	2015/7	21.61	22.06	2.28	0.60	0.64	6.67

断面	时间	COD			氨氮		
		无降雨径流 /（mg/L）	加入降雨径流 /（mg/L）	水质改变 率/%	无降雨径流 /（mg/L）	加入降雨径 流/（mg/L）	水质改变率 /%
东陵大桥	2015/8	24.08	24.55	2.02	0.88	0.94	6.82
	2015/9	29.35	29.92	2.07	1.39	1.47	5.76
	平均值	30.81	31.25	1.54	1.77	1.84	3.95
长青桥	2014/10	34.43	35.00	1.92	2.21	2.31	4.52
	2014/11	35.46	36.09	1.78	2.31	2.39	3.46
	2014/12	36.25	36.87	1.71	2.37	2.46	3.80
	2015/1	38.21	38.76	1.44	2.51	2.59	3.19
	2015/2	40.26	40.73	1.17	2.55	2.63	3.14
	2015/3	37.45	37.86	1.09	2.47	2.54	2.83
	2015/4	30.09	30.33	0.80	2.15	2.20	2.33
	2015/5	24.89	25.46	2.29	1.49	1.59	6.71
	2015/6	22.68	23.15	2.07	0.85	0.92	8.24
	2015/7	22.33	22.87	2.42	0.65	0.71	9.23
	2015/8	24.93	25.48	2.21	0.91	0.99	8.79
	2015/9	30.89	31.57	2.20	1.41	1.51	7.09
	平均值	31.48	32.01	1.69	1.82	1.91	4.39

6.3.2　降雨径流模拟结果分析

由表6.9可得，不加入降雨径流及其附带污染物的影响时，研究区域干流的COD浓度相对降低了0.1%～2.5%，氨氮浓度相对降低了1%～9.5%，并且从抚顺段的和平桥断面到沈阳段的长青桥断面，即从上游到下游COD和氨氮的浓度改变率呈升高的趋势，沈阳段的水质浓度改变率大于抚顺段的水质浓度改变率。在非汛期时，干流各个断面水质浓度改变率较低，COD为0.5%～2%，氨氮为2%～4%；在汛期时，干流各个断面水质浓度改变率也较低，但相对于非汛期有所增加，COD为2%～2.5%，氨氮为5%～9%。根据各个断面的水质浓度改变率可知无论是上游还是下游，非汛期还是汛期，干流不同断面在无降雨径流及其附带污染物影响的条件下其 COD 浓度的改变率均小于氨氮浓度的改变率，可见降雨径流对干流的氨氮浓度影响大于 COD 浓度。

通过改变降雨径流的模拟结果分析，可以归纳出以下结论：

① 浑河抚顺段位于沈阳段上游，抚顺段降雨径流的汇入不仅会对抚顺段水质产生影响，同时也会对沈阳段水质产生影响。由于降雨的冲刷，导致产生的径流携带土壤中及周边城市道路街道的污染物进入浑河干流，使得模型加入降雨径流后模拟结果显示干流各断面水质变差，污染物逐渐向下游积累，使得下游断面的污染物浓度较高且改变率也较大。

② 非汛期由于降雨较少，冬季几乎不形成径流，因而干流各断面水质改变率较低，COD 浓度最小改变率仅为 0.14%，氨氮浓度最小改变率仅为 1.1%。

③ 降雨径流携带的污染物中氮磷元素较多，故氨氮浓度改变率大于 COD，氨氮浓度最大改变率可达 9.23%。浑河沈抚段由于位于沈抚新城区域，周围工业生产造成的土壤中可能含有较多的氮元素及其化合物，因而引起浑河干流的氨氮污染相对重于 COD。

6.4 排污口及支流对河流水质的影响

6.4.1 基于截污调控的河流水质变化过程模拟

为探究排污口及支流等点源对浑河沈抚段干流水质浓度的影响，通过以下三种方法对模型进行调整。

① 对模型中的干流排污口进行截流，模拟在无排污口污染情况下的浑河干流断面水质浓度变化。

② 对模型中的各个支流进行治污调控，将各个支流的水质控制在地表Ⅴ类水左右（COD 浓度为 40mg/L，氨氮浓度为 2mg/L），并模拟该情况下的浑河干流断面水质浓度变化。

③ 对模型中的各个支流进行治污调控，将各个支流的水质控制在地表Ⅳ类水左右（COD 浓度为 30mg/L，氨氮浓度为 1.5mg/L），并模拟该情况下的浑河干流断面水质浓度变化。

经水质模拟得到的结果如图 6.21～图 6.26 所示。

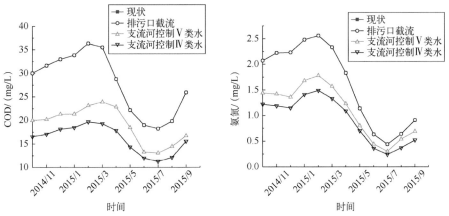

图 6.21 截污调控下和平桥 COD、氨氮浓度变化

（本图中现状和排污口截流曲线重合）

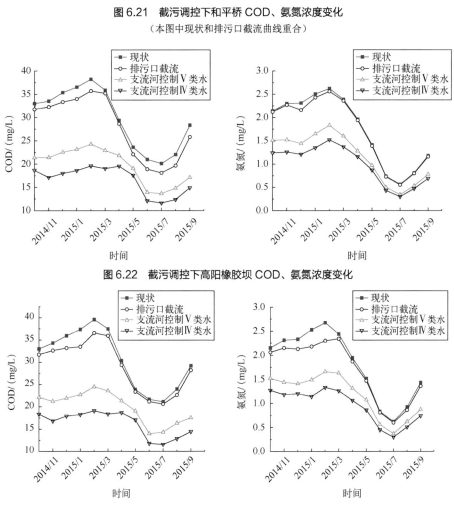

图 6.22 截污调控下高阳橡胶坝 COD、氨氮浓度变化

图 6.23 截污调控下下伯官坝 COD、氨氮浓度变化

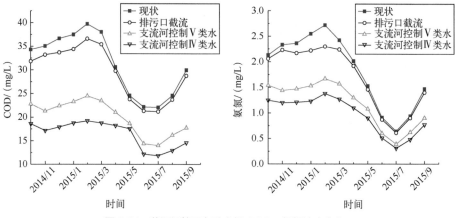

图 6.24　截污调控下东陵大桥 COD、氨氮浓度变化

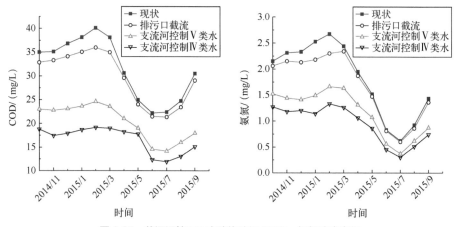

图 6.25　截污调控下王家湾橡胶坝 COD、氨氮浓度变化

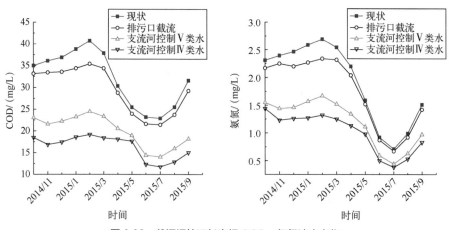

图 6.26　截污调控下长青桥 COD、氨氮浓度变化

6.4.2 截污调控模拟结果分析

由图 6.21～图 6.26 的各断面模拟结果可知：

① 排污口截流后，除和平桥断面之外其余断面的 COD、氨氮浓度均有所降低，这是由于模型中输入的高阳、下伯官、长青共三个干流排污口的里程位于和平桥断面下游，其排放的污染物并未对上游断面产生影响。高阳橡胶坝断面的 COD、氨氮浓度在非汛期（2014 年 10 月～2015 年 4 月）分别平均下降了 4.43%、2.33%，在汛期（2015 年 5 月～2015 年 9 月）分别平均下降了 9.19%、1.51%，浓度变化率最大分别为 10.72%、6.49%；下伯官坝断面的 COD、氨氮浓度在非汛期分别平均下降了 5.93%、7.90%，在汛期分别平均下降了 3.07%、3.99%，浓度变化率最大分别为 10.34%、13.92%；东陵大桥断面的 COD、氨氮浓度在非汛期分别平均下降了 6.61%、8.07%，在汛期分别平均下降了 3.64%、4.50%，浓度变化率最大分别为 8.22%、15.38%；王家湾橡胶坝断面 COD、氨氮浓度在非汛期分别平均下降了 6.92%、9.39%，在汛期分别平均下降了 4.31%、4.57%，浓度变化率最大分别为 10.30%、15.14%；长青桥断面 COD、氨氮浓度在非汛期分别平均下降了 8.60%、9.15%，在汛期分别平均下降了 6.67%、5.68%，浓度变化率最大分别为 13.07%、13.11%。

② 将支流河水质均调控至地表 V 类水后，各断面的水质均有了极大的改善。和平桥断面的 COD、氨氮浓度在非汛期分别平均下降了 33.04%、33.37%，在汛期分别平均下降了 27.60%、26.32%，浓度变化率最大分别为 36.84%、39.01%；高阳橡胶坝断面的 COD、氨氮浓度在非汛期分别平均下降了 34.64%、32.50%，在汛期分别平均下降了 31.53%、34.29%，浓度变化率最大分别为 39.60%、39.29%；下伯官坝断面的 COD、氨氮浓度在非汛期分别平均下降了 36.32%、34.96%，在汛期分别平均下降了 31.85%、34.79%，浓度变化率最大分别为 39.91%、41.01%；东陵大桥断面的 COD、氨氮浓度在非汛期分别平均下降了 36.79%、35.14%，在汛期分别平均下降了 34.18%、35.04%，浓度变化率最大分别为 40.78%、40.00%；王家湾橡胶坝断面 COD、氨氮浓度在非汛期分别平均下降了 36.16%、35.98%，在汛期分别平均下降了 34.18%、33.59%，浓度变化率最大分别为 41.14%、39.09%；长青桥断面 COD、氨氮浓度在非汛期分别平均下降了 37.87%、37.46%，在汛期分别平均下降了 36.47%、35.22%，浓度变化率最大分别为 42.48%、40.75%。

③ 将支流河水质均调控至地表 Ⅳ 类水后，各断面的水质进一步得到了提升，COD 和氨氮浓度全部满足地表水 Ⅳ 类的需要。和平桥断面的 COD、氨氮浓度在非汛期分别平均下降了 44.46%、43.46%，在汛期分别平均下降了 37.92%、42.39%，

浓度变化率最大分别为 45.93%、48.43%；高阳橡胶坝断面的 COD、氨氮浓度在非汛期分别平均下降了 45.66%、42.79%，在汛期分别平均下降了 40.30%、42.03%，浓度变化率最大分别为 49.11%、47.62%；下伯官坝断面的 COD、氨氮浓度在非汛期分别平均下降了 48.23%、46.99%，在汛期分别平均下降了 43.18%、46.68%，浓度变化率最大分别为 51.70%、54.87%；东陵大桥断面的 COD、氨氮浓度在非汛期分别平均下降了 48.71%、46.18%，在汛期分别平均下降了 43.70%、45.63%，浓度变化率最大分别为 51.70%、51.76%；王家湾橡胶坝断面 COD、氨氮浓度在非汛期分别平均下降了 48.83%、46.32%，在汛期分别平均下降了 43.49%、44.41%，浓度变化率最大分别为 52.21%、50.94%；长青桥断面 COD、氨氮浓度在非汛期分别平均下降了 50.02%、47.69%，在汛期分别平均下降了 45.61%、44.38%，浓度变化率最大分别为 53.28%、50.98%。

通过对截污调控的模拟结果分析，可以归纳出以下结论：

① 在控制干流排污口排污并不进行水资源调度的情况下，干流的 COD、氨氮浓度有一定程度的降低，汛期的浓度变化率小于非汛期，并且除高阳橡胶坝断面以外，下游的各断面氨氮浓度的变化率均大于 COD。可见干流排污口的氨氮排放污染重于 COD 排放污染，且非汛期由于水库不放水，在干流流量较小的情况下排污口对干流的水质影响较大，但整体而言干流水质仍旧不能稳定达标，非汛期基本维持在 V 类水左右，可见排污口截流对干流的水质影响十分有限。

② 在对支流河进行治理，将水质控制在地表 V 类和 IV 水并不进行水资源调度的情况下，干流的 COD、氨氮浓度均大幅度降低，汛期的浓度变化率亦小于非汛期，COD 和氨氮浓度的变化率较接近，可见支流的氨氮和 COD 污染均较高。由图可见支流为 IV 类水时，干流水质全年稳定达标在 IV 类水以内，汛期可达到地表 III 类水要求；支流为 V 类水时，非汛期的氨氮浓度仍无法稳定在 IV 类水的要求以内，因此需要进行水资源调度以降低非汛期的干流水质污染情况。

6.5 河道自净对河流水质的影响

6.5.1 基于不同水质参数的河流水质变化过程模拟

参数对于模型的预测有着重大的影响效果，选择正确的参数可以使模型预测的精确度得以保证，如果取值不当则会带来较大偏差，导致模型的预测失败。通过对模型水质参数灵敏度进行检验，可分析河道自净作用对研究流域水质变化规律产生的影响。选取水温 T、硝化反应速率 K_N、COD 降解系数 K_1 等参数进行分析，探究其对浑河流域沈抚段河道自净能力的影响。检验方法如下：

① 保持模型其他参数不变，改变水温 T 的值，改变幅度为±5℃、±10℃。

② 保持模型其他参数不变，改变 K_N 和 K_1 的值，改变幅度为±20%、±50%。

经过不同参数条件下的水质模拟，得到的结果如图 6.27～图 6.32 所示。

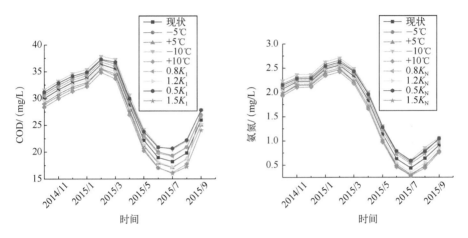

图 6.27 不同参数下和平桥 COD、氨氮浓度变化

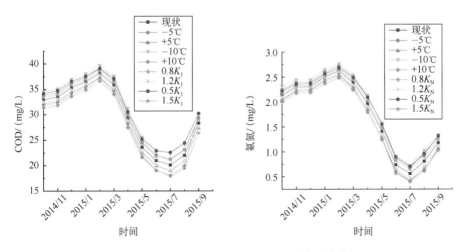

图 6.28 不同参数下高阳橡胶坝 COD、氨氮浓度变化

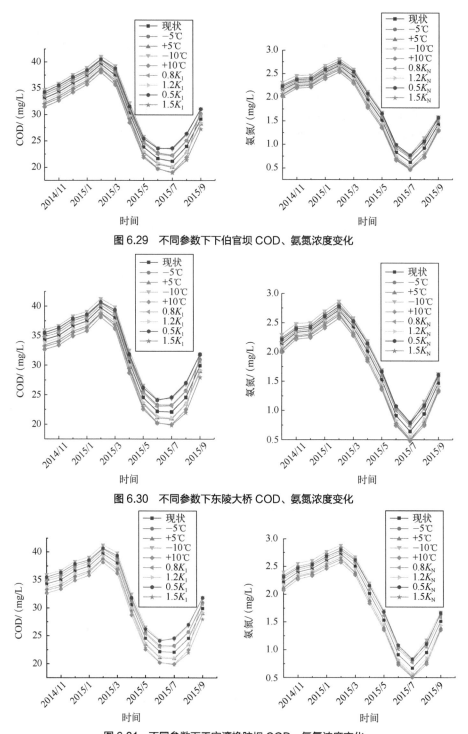

图 6.29　不同参数下下伯官坝 COD、氨氮浓度变化

图 6.30　不同参数下东陵大桥 COD、氨氮浓度变化

图 6.31　不同参数下王家湾橡胶坝 COD、氨氮浓度变化

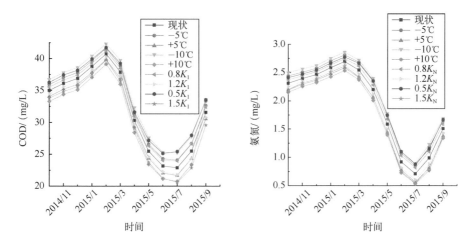

图 6.32 不同参数下长青桥 COD、氨氮浓度变化

6.5.2 不同水质参数模拟结果分析

由图 6.27～图 6.32 的各断面模拟结果可知：

① 其他参数条件不变，在控制水温的条件下，浑河沈抚段各断面 COD 和氨氮水质均出现了上下波动，其中汛期的浓度改变率大于非汛期，各断面波动整体较平均，和平桥断面的平均改变率较其他断面略有增大。水温下降 5℃时，非汛期 COD 和氨氮浓度升高幅度分别在 2%～3.5%、3.5%～8% 之间，其中 2 月份最小，分别在 2.1%、3.9% 左右；汛期浓度升高幅度分别在 3.5%～5.3%、8%～28% 之间，其中 7 月份最大，分别在 5.5%、21% 左右。水温上升 5℃时，非汛期 COD 和氨氮浓度降低幅度分别在 2%～3.5%、3.5%～7% 之间，其中 2 月份最小，分别在 2.2%、3.5% 左右；汛期浓度降低幅度分别在 3.2%～6.5%、7%～29% 之间，其中 7 月份最大，分别在 6%、26% 左右。水温下降 10℃时，非汛期 COD 和氨氮浓度升高幅度分别在 3.8%～5.5%、5.5%～8.5% 之间，其中 2 月份最小，分别在 4%、5.7% 左右；汛期浓度升高幅度分别在 6.5%～11.5%、11%～36.5% 之间，其中 7 月份最大，分别在 11.4%、27.6% 左右。水温上升 10℃时，非汛期 COD 和氨氮浓度降低幅度分别在 4%～6.5%、5%～9.4% 之间，其中 2 月份 COD 浓度降低幅度最小，为 4.1% 左右，12 月份氨氮浓度下降幅度最小，为 5.2% 左右；汛期浓度下降幅度分别在 5.9%～10%、11%～36.5% 之间，其中 7 月份最大，分别在 9.8%、28.1% 左右。

② 其他参数条件不变，在分别控制 COD、氨氮衰减系数的条件下，浑河沈抚段各断面污染物浓度亦产生波动，总体汛期波动大于非汛期，平均改变率从上游至下游略有减小。当 K_N、K_1 下调 20% 时，非汛期 COD 和氨氮浓度升高幅度分

别在 1%～2%、1%～3.5%之间，其中 2 月份最小，分别在 1.2%、1.5%左右；汛期浓度升高幅度可分别达到 2.5%～5%、4%～16%，其中 7 月份最大，分别在 4.9%、17%左右。当 K_N、K_1 上调 20%时，非汛期 COD 和氨氮浓度降低幅度分别在 1%～2%、1%～3.5%之间，其中 2 月份最小，分别在 1.1%、1.5%左右；汛期浓度降低幅度可分别达到 2.5%～5.5%、4%～20.5%，其中 7 月份最大，分别在 5.1%、17%左右。当 K_N、K_1 下调 50%时，非汛期 COD 和氨氮浓度升高幅度分别在 2.2%～4.4%、2.2%～7.2%之间，其中 2 月份最小，分别在 2.4%、2.5%左右，汛期浓度升高幅度可分别达到 6.2%～12.4%、9%～34%，其中 7 月份最大，分别在左右 12%、28.5%。当 K_N、K_1 上调 50%时，非汛期 COD 和氨氮浓度降低幅度分别在 2.4%～4.4%、2.2%～6.5%之间，其中 2 月份最小，分别在 2.5%、2.5%左右；汛期浓度降低幅度可分别达到 6.3%～13%、9%～34%，其中 8 月份 COD 浓度降低幅度最大，为 12.5%左右，7 月份氨氮浓度下降幅度最大，为 27.8%左右。

通过对不同水质参数调整的模拟结果分析，可以归纳出以下结论：

① 在一定温度范围内，温度升高，河流污染物浓度会随之降低，温度下降，河流污染物浓度会随之上升，这是由于在适宜的温度下，河流内部的生化反应速率加快，河流自身对于污染物的降解作用会发挥到最大。由于浑河沈抚段河流水温在非汛期可以达到 24℃左右，故而在汛期改变一定温度对河流的自净作用影响比非汛期要强。

② 调整相同幅度的 K_N、K_1 两值可得，下游相对于上游的水质波动幅度略微减小，可见浑河沈阳段的河流自净作用相较于抚顺段有所降低。

③ 汛期和非汛期河道自净作用对氨氮浓度的影响均大于 COD，可见浑河流域沈抚段氨氮的自净能力强于 COD。

7

水质水量调控需水量
技术与应用

7.1 模型构建

水质水量联合调控技术是快速有效解决河流水质污染的措施之一，联合调控方案是否准确取决于所建立的水质水量耦合模型是否反映河流的实际现状情况。对浑河流域沈抚段进行水动力、水质模拟，并对所采用的水动力、水质数学模型进行研究，建立模型并求解，最终得到符合浑河流域沈抚段水力特征以及河流污染情况的水质水量耦合模型。

7.1.1 非恒定流一维水动力模型

7.1.1.1 控制方程

圣维南方程组是通过连续方程、动量方程对河道中非恒定渐变流水体的运行进行描述的一组偏微分方程。该方法所需河道基本资料多，且计算量大，但模型计算结果可以同时反映出河流断面的流量、水位、流速等水力参数。考虑到水质模型需要水动力模型模拟出的流量、水位、流速值，因此采用圣维南方程组来构建浑河沈抚段非恒定流水动力模型。

在实际河流水体中，河水的深度相较于河流的长度以及宽度要小，因此假设河流在垂直断面上的各水动力要素呈均匀分布。可以将实际中复杂的三维水动力模型转化为平面上的二维水动力模型和河道长度上的一维水动力模型。浑河沈抚段区域的流域比较大，河道横向尺寸小，有简单支流汇入，因此选用一维的圣维南方程组对水流的运动状态进行模拟。建立圣维南方程组的基本假设如下：

① 假设一维水动力模型在河流断面上的流速呈均匀分布，且等于平均流速。

② 忽略过水断面垂直方向上的流速以及加速度，认为水压与水深成正比。

③ 河床虽有一定的坡降，但假设坡降近似于零，其夹角的正弦与正切值相等。

④ 假设河流表面近似水平，水流运动过程中产生的局部水头损失可以忽略，沿程水头损失可以通过曼宁公式、谢才公式计算得到。

圣维南方程组的基本表达形式如下。

水流连续方程：
$$\frac{\partial Q}{\partial x} + \frac{\partial A}{\partial t} = 0 \tag{7.1}$$

动力方程：
$$\frac{\partial Q}{\partial t} + \frac{\partial}{\partial x}\left(\alpha \frac{Q^2}{A}\right) + gA\left(\frac{\partial z}{\partial x} + S_f\right) = 0 \tag{7.2}$$

考虑到浑河流域沈抚段区域有支流的存在，即有旁侧流量进入河道，存在汊点的情况，故将圣维南方程组进行如下改进，见式（7.3）和式（7.4）。

水流连续方程：
$$\frac{\partial Q}{\partial x} + \frac{\partial A}{\partial t} = q \qquad (7.3)$$

动力方程：
$$\frac{\partial Q}{\partial t} + \frac{\partial}{\partial x}\left(\frac{\alpha Q^2}{A}\right) + gA\left(\frac{\partial z}{\partial x} + \frac{Q|Q|n^2}{A^2 R^{4/3}}\right) = qv_x \qquad (7.4)$$

式中 Q——断面过流流量，m³/s；

A——过水断面面积，m²；

x——沿水流方向的距离，m；

t——水流流动的时间，s；

q——河道单位长度的旁侧入流流量，m³/（s·m）；

z——断面的平均水位，m；

n——曼宁系数；

R——水力半径，m；

v_x——旁侧入流的流速在主流上的分量，m/s；

S_f——摩阻坡降，且 $S_f = \dfrac{n^2 Q|Q|}{A^2 R^{4/3}}$；

α——动量修正系数，即 $\alpha = \dfrac{A}{K^2}\sum\dfrac{K_i^2}{A_i}$，其中流量模数 $K = \dfrac{AR^{\frac{2}{3}}}{n}$；

g——重力加速度，m/s²。

一般认为，当有旁侧入流流量存在时，动力方程中需要加入旁侧流量附加项，考虑到实际情况中，旁侧项对动力方程的影响甚小，故可以忽略不计，只考虑旁侧流量对连续方程的影响。

相比于顺直的河道，有支流存在的河道存在汊点单元，此时还需要满足汊点连接条件，即汊点方程，见式（7.5）、式（7.6）。

质量守恒方程：
$$\sum_{i=1}^{n} Q_i = \frac{\mathrm{d}V}{\mathrm{d}t} \qquad (7.5)$$

式中 Q_i——第 i 条支流流入河道的流量，m³/s，流入取正，流出取负；

n——支流的个数；

V——汊点的蓄水量，m³。

动量守恒方程：

$$z_i + \frac{1}{2g}v^2 = E \tag{7.6}$$

式中　　z_i——河流水位，m；

　　　　v——流速，m/s；

　　　　E——总能量。

7.1.1.2　方程的离散

采用 Preissmann 四点偏心隐式差分格式对方程组进行离散。其中 Δx 代表空间步长，Δt 代表时间步长，n 为河道节点的编号，m 为时间步长的编号，θ 为权重系数，$0 \leqslant \theta \leqslant 1$。网格中点 M 位于空间步长的正中间，时间步长偏向于 $m+1$ 时刻。四点隐式差分离散示意图见图 7.1。

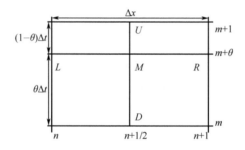

图 7.1　四点隐式差分离散示意图

由图像可知 L、R、U、D 四点的函数分别为：

$$f_L = f_n^{m+\theta} = \theta f_n^{m+1} + (1-\theta) f_n^m \tag{7.7}$$

$$f_R = f_{n+1}^{m+\theta} = \theta f_{n+1}^{m+1} + (1-\theta) f_{n+1}^m \tag{7.8}$$

$$f_U = f_{n+\frac{1}{2}}^{m+1} = \frac{1}{2}\left(f_n^{m+1} + f_{n+1}^{m+1}\right) \tag{7.9}$$

$$f_D = f_{n+\frac{1}{2}}^{m} = \frac{1}{2}\left(f_n^{m} + f_{n+1}^{m}\right) \tag{7.10}$$

故 M 点处的函数值及导数值为：

$$f_M = \frac{1}{2}(f_n^{m+\theta} + f_{n+1}^{m+\theta}) = \frac{1}{2}\left[\theta\left(f_n^{m+1} + f_{n+1}^{m+1}\right) + (1-\theta)\left(f_n^{m} + f_{n+1}^{m}\right)\right] \tag{7.11}$$

$$\left(\frac{\partial f}{\partial t}\right)_M = \frac{f_U - f_D}{\Delta t} = \frac{f_{n+1}^{m+1} + f_n^{m+1} - f_{n+1}^m - f_n^m}{2\Delta t} \tag{7.12}$$

$$\left(\frac{\partial f}{\partial x}\right)_M = \frac{f_R - f_L}{\Delta x} = \frac{f_{n+1}^{m+\theta} - f_n^{m+\theta}}{\Delta x} = \frac{\theta(f_{n+1}^{m+1} - f_n^{m+1}) + (1-\theta)(f_{n+1}^m - f_n^m)}{\Delta x} \tag{7.13}$$

令：

$$f_n^m = \frac{1}{2}(f_{n-1}^m + f_n^{m+1}) \tag{7.14}$$

$$\frac{\partial f}{\partial x} = \frac{f_n^m - f_{n-1}^m}{\Delta x} \tag{7.15}$$

$$\frac{\partial f}{\partial t} = \frac{f_n^{m+1} - f_n^m}{\Delta t} \tag{7.16}$$

$$\frac{\partial^2 f}{\partial x^2} = \frac{f_{n+1}^{m+1} - 2f_n^{m+1} + f_{n-1}^{m+1}}{\Delta x^2} \tag{7.17}$$

故离散后的连续方程见式（7.18）。

$$\frac{D_n^m - D_{n-1}^m}{\Delta x} + \frac{D_n^{m+1} - D_n^m}{\Delta t} = q \tag{7.18}$$

动力方程见式（7.19）。

$$\frac{1}{\Delta t}D_n^{m+1} - \frac{1}{\Delta t}D_n^m + \frac{u_n}{\Delta x}D_n^m - \frac{u_n}{\Delta x}D_{n-1}^m - \frac{E_x}{\Delta x^2}D_{n+1}^{m+1} + \frac{2E_x}{\Delta x^2}D_n^{m+1} -$$
$$\frac{E_x}{\Delta x^2}D_{n-1}^{m+1} + \frac{1}{2}K_D D_{n-1}^m + \frac{1}{2}K_D D_n^{m+1} - \frac{S_D}{h} = 0 \tag{7.19}$$

式中，u_n 为节点 n 的流速；h 为旁侧入流水位；S_D 为 D 点的摩阻坡降。

将离散后的连续方程及动力方程进行化简，化简后的表达式见式（7.20）、式（7.21）。

$$\alpha_{1i}D_n^{m+1} + \beta_{1i}D_{n-1}^{m+1} + \gamma_{1i}D_{n+1}^{m+1} = \rho_{1i} \tag{7.20}$$

$$\alpha_{2i}D_n^{m+1} + \beta_{2i}D_{n-1}^{m+1} + \gamma_{2i}D_{n+1}^{m+1} = \rho_{2i} \tag{7.21}$$

式中，$\alpha_{1i} = \dfrac{1}{\Delta t}$，$\beta_{1i} = -\dfrac{1}{\Delta t}$，$\gamma_{1i} = 0$，$\rho_{1i} = q + \left(\dfrac{1}{\Delta t} - \dfrac{1}{\Delta x}\right)D_n^m$，

$\alpha_{2i} = \left(\dfrac{1}{\Delta t} + \dfrac{2E_x}{\Delta x^2} + \dfrac{1}{2}K_D\right)$，$\beta_{2i} = \gamma_{2i} = -\dfrac{E_x}{\Delta x^2}$，

$$\rho_{i2} = \left(-\frac{u_n}{\Delta x} + \frac{1}{\Delta t}\right)D_n^m + \left(-\frac{1}{2}K_D + \frac{u_x}{\Delta x}\right)D_{n-1}^m + \frac{S_D}{h}。$$

以 Q、z 为未知变量，最终离散后的方程组见式（7.22）、式（7.23）。

$$a_{1n}z_n^{m+1} + b_{1n}Q_n^{m+1} + c_{1n}z_{n+1}^{m+1} + d_{1n}Q_{n+1}^{m+1} = e_{1n} \tag{7.22}$$

$$a_{2n}z_n^{m+1} + b_{2n}Q_n^{m+1} + c_{2n}z_{n+1}^{m+1} + d_{2n}Q_{n+1}^{m+1} = e_{2n} \tag{7.23}$$

式中，各未知量前的系数均是由已知值所组成的已知系数。

7.1.1.3　方程的求解

采用河网三级解法对离散后的方程组进行求解，其求解的基本原理就是将微段、河段、汊点方程逐级进行处理，再联合运算。具体求解过程如下：将单一河道分解为若干河段，根据一维圣维南方程组对各个河段的断面进行差分运算，得到各个河段断面的差分方程组；然后对这些方程组进行消元，得到单一河道首末两个断面的流量、水位关系式；再结合汊点方程以及适当的边界条件，求得各个汊点的水位值；最后将各个汊点的水位值返代入各个河段断面的流量、水位关系式中，得到各个断面的流量、水位值。

根据离散后的方程组，可以得到由 z_1、Q_1 表示的各个断面的水位、流量值，求解过程见式（7.24）～式（7.27）。

已知：
$$z_2 = p_1 - q_1 z_1 - r_1 Q_1 \tag{7.24}$$

$$Q_2 = s_1 - t_1 z_1 - u_1 Q_1 \tag{7.25}$$

则：
$$z_3 = p_2 - q_2 p_1 - r_2 s_1 + (q_2 q_1 + r_2 t_1)z_1 + (q_2 r_1 + r_2 u_1)Q_1 \tag{7.26}$$

$$Q_3 = s_2 - t_2 p_1 - u_2 s_1 + (t_2 q_1 + u_2 t_1)z_1 + (t_2 r_1 + u_2 u_1)Q_1 \tag{7.27}$$

将 z_3、Q_3 的表达式进行化简，结果见式（7.28）和式（7.29）。

$$z_3 = P_2 + I_2 z_1 + R_2 Q_1 \tag{7.28}$$

$$Q_3 = S_2 + T_2 z_1 + U_2 Q_1 \tag{7.29}$$

变量前的系数表达式为：

$$P_{i-1} = p_{i-1} - q_{i-1}p_{i-2} - \gamma_{i-1}s_{i-2}$$

$$I_{i-1} = q_{i-1}q_{i-2} + r_{i-1}t_{i-2}$$

$$R_{i-1} = q_{i-1}r_{i-2} + r_{i-1}u_{i-2}$$

$$S_{i-1} = s_{i-1} - t_{i-1}p_{i-2} - u_{i-1}s_{i-2}$$

$$T_{i-1} = t_{i-1}q_{i-2} + u_{i-1}t_{i-2}$$

$$U_{i-1} = t_{i-1}r_{i-2} + u_{i-1}u_{i-2}$$

则 z_n、Q_n 的表达式如式（7.30）和式（7.31）。

$$z_n = P_{n-1} + I_{n-1}z_1 + R_{n-1}Q_1 \tag{7.30}$$

$$Q_n = S_{n-1} + T_{n-1}z_1 + U_{n-1}Q_1 \tag{7.31}$$

联立以上两个方程组，最终得到首末断面的水位、流量关系如式（7.32）。

$$Q_n = \frac{R_{n-1}S_{n-1} - U_{n-1}P_{n-1}}{R_{n-1}} + \frac{U_{n-1}}{R_{n-1}}z_n + \frac{U_{n-1}I_{n-1} - R_{n-1}T_{n-1}}{R_{n-1}}z_1 \tag{7.32}$$

7.1.1.4 定解条件

要想求出方程的数值解，必须要有已知的定解条件，定解条件包括初始条件以及边界条件。

初始条件指计算断面在初始时刻的流量及水位值，各个计算断面的初始流量通常记为 0，而水位以常水位作为初始水位值。

边界条件分为外部边界条件和内部边界条件。外部边界条件是指河道入流、出流的边界，形式一般为流量关系、水位关系或流量-水位关系；内部边界条件是指河道两侧的支流、排污口。

7.1.2 非恒定流一维水质模型

7.1.2.1 水体中污染物的变化过程

污染物进入水体以后，河流水体开始了自净的过程，该过程由弱到强，直到趋于平衡，此时污染物浓度恢复到正常情况。整个自净过程当中，污染物浓度的变化包括物理变化、化学变化和生物变化。物理变化是指水体中的污染物经过混合稀释使浓度降低的过程；化学变化包括吸附、凝聚、酸碱反应和氧化还原反应等，使污染物在形态上发生改变的同时浓度也得到了降低；生物变化是指微生物对水体中的有机物进行氧化分解使污染物得到降解的过程。三种变化过程往往同时进行，互相影响。

水体中污染物的变化过程有很多的影响因素，包括以下几个部分：

① 水文要素：流速和流量都会直接影响到污染物的迁移与扩散，当流速及流

量增大，污染物的稀释与扩散能力也随之增加，因此汛期比非汛期时的河流自净能力要强，汛期时的水质情况较非汛期的要好。

② 底泥：底泥当中富含了一定量的污染物，这些污染物会和水体发生一定的物质交换，从而影响污染物在水体中的变化过程。

③ 太阳辐射：太阳辐射会使污染物在水体中发生光学转化，同时引起温度升高，加快水生植物的光合作用；河流越宽、越浅，太阳辐射对水体自净作用的影响越大，污染物的变化过程也越容易受到影响。

④ 污染物的性质：河流中若含有容易被光转化、化学降解以及生物降解的污染物，则河流水体中污染物的变化过程越容易进行，水体更易得到自净改善。

7.1.2.2 控制方程

沿水流运动方向上的断面污染物浓度比断面横向、纵向的污染物浓度变化明显，因此断面横向与纵向的污染物浓度可以忽略不计，只需要考虑流动方向上的各断面污染物浓度变化，即一维水质模型，其基本方程为对流扩散方程，见式（7.33）。

$$\frac{\partial c}{\partial t}+u\frac{\partial c}{\partial x}=E_x\frac{\partial c^2}{\partial x^2}-K_c+S \tag{7.33}$$

式中　c——污染物浓度，mg/L；

　　　u——水流速度，m/s；

　　　E_x——离散系数；

　　　K_c——综合衰减系数；

　　　S——源汇项（例如支流、排污口的影响）。

方程式中包含了污染物的扩散、降解、自身以及相互之间的反应，同时也考虑到了支流、排污口对水体中污染物浓度的影响。假设需要模拟的浑河流域沈抚段水体处于好氧状态，只考虑 COD 和 NH_3-N 的降解导致水体中溶解氧减少的情况，且 COD 和 NH_3-N 的衰减符合一级反应动力学，故将上述方程式改进，见式（7.34）。

$$\left.\begin{aligned}\frac{\partial D}{\partial t}+u\frac{\partial^2 D}{\partial x^2}&=E_x\frac{\partial^2 D}{\partial x^2}-K_{\mathrm{D}}D+\frac{qD}{A}\\\frac{\partial N}{\partial t}+u\frac{\partial^2 N}{\partial x^2}&=E_x\frac{\partial^2 N}{\partial x^2}-K_{\mathrm{N}}N+\frac{qN}{A}\\\frac{\partial O}{\partial t}+u\frac{\partial^2 O}{\partial x^2}&=E_x\frac{\partial^2 O}{\partial x^2}-K_{\mathrm{D}}D-K_{\mathrm{N}}N+K_{\mathrm{O}}(O_{\mathrm{S}}-O)+\frac{qO}{A}\end{aligned}\right\} \tag{7.34}$$

式中　D、N、O——水体中 COD、NH_3-N 和溶解氧的浓度，mg/L；

O_S——某温度条件下的水体中饱和溶解氧浓度，mg/L；

K_D、K_N——COD、NH_3-N 的衰减系数，d^{-1}；

K_O——河流水体的复氧系数，d^{-1}；

A——过流断面的面积，m^2。

7.1.2.3 方程的离散与求解

水质模型的离散与求解采用隐式差分的方式进行，离散示意图见图 7.2。该方法每一步都需要对平衡方程进行迭代求解，并且每一次迭代都需要求解大型的线性方程组，计算时需要大量的数据作为基础。其基本形式见式（7.35）～式（7.38）。

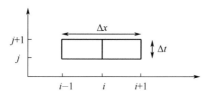

图 7.2 隐式差分离散示意图

$$f_i^j = \frac{1}{2}(f_i^{j+1} + f_{i-1}^j) \tag{7.35}$$

$$\frac{\partial f}{\partial x} = \frac{f_i^j - f_{i-1}^j}{\Delta x} \tag{7.36}$$

$$\frac{\partial f}{\partial t} = \frac{f_i^{j+1} - f_i^j}{\Delta t} \tag{7.37}$$

$$\frac{\partial^2 f}{\partial x^2} = \frac{f_{i+1}^{j+1} - 2f_i^{j+1} + f_{i-1}^{j+1}}{(\Delta x^2)} \tag{7.38}$$

代入到对流扩散方程中，得：

$$\frac{c_i^{j+1} - c_i^j}{\Delta t} + u_i \frac{c_i^j - c_{i-1}^j}{\Delta x} = E_x \frac{c_{i+1}^{j+1} - 2c_i^{j+1} + c_{i-1}^{j+1}}{(\Delta x)^2} - \frac{1}{2}K(c_i^{j+1} + c_{i-1}^j) + S_i \tag{7.39}$$

对边界条件进行处理：

当 $i=1$ 时，

$$\beta_1 c_1^{j+1} + \gamma_1 c_2^{j+1} = \delta_1 - \alpha_1 c_0^{j+1} \tag{7.40}$$

式中，$\alpha_i = -\dfrac{E_x}{(\Delta x)^2}$，$\beta_i = \dfrac{1}{\Delta t} + 2\dfrac{E_x}{(\Delta x)^2} + \dfrac{K}{2}$，$\gamma_i = -\dfrac{E_x}{(\Delta x)^2}$，$\delta_i = c_i^j\left(\dfrac{1}{\Delta t} - \dfrac{u_i}{\Delta x}\right) +$

$$C_{i-1}^j \left(\frac{u_i}{\Delta x} - \frac{K}{2} \right) + S_i 。$$

令 $\delta_1 - \alpha_1 c_0^{j+1} = \delta_1'$，则上式改写为式（7.41）。

$$\beta_1 c_1^{j+1} + \gamma_1 c_2^{j+1} = \delta_1' \tag{7.41}$$

当 $i=n$ 时，

$$2c_n^{j+1} - c_{n-1}^{j+1} = c_{n+1}^{j+1} \tag{7.42}$$

此时有：

$$(\alpha_n - \gamma_n)c_{n-1}^{j+1} + (\beta_n + 2\gamma_n)c_n^{j+1} = \delta_n \tag{7.43}$$

将上式改写，见式（7.44）。

$$\alpha_n' c_{n-1}^{j+1} + \beta_n' c_n^{j+1} = \delta_n \tag{7.44}$$

式中，$\alpha_n' = \alpha_n - \gamma_n$，$\beta_n' = \beta_n + 2\gamma_n$。

通过对一维水质模型进行离散，得到离散后的矩阵方程。利用上述对边界条件进行处理的方法，得到边界条件处的求解方程式，每个方程都形成了一个完整的求解矩阵，从而求解得到各个断面的 COD、$NH_3\text{-}N$ 浓度值。

7.1.3 水质水量耦合模型

水质水量耦合模型是水动力模型、水质模型相互耦合的一个过程，水动力模型为水质模型提供所需的水力参数，如流量、流速、过水断面面积等。所以在运用水质水量耦合模型时，水动力、水质模型需要选取相同的时间步长。水质水量耦合模型建立的目的就是通过对河道进行补水，来改善河流水质。对水质水量耦合模型的研究包括目标函数及约束条件的确定。

7.1.3.1 目标函数

（1）水质改善程度最大

$$\min G = \min \sum_{i,j} \theta_i \left| \frac{c_{i,j}}{c_j^\theta} - 1 \right| \tag{7.45}$$

式中　$\min G$ ——水质目标的最小偏差平方和；

　　　θ_i ——第 i 种水质指标所占权重；

　　　$c_{i,j}$ ——第 j 水质指标在 i 时刻的浓度，mg/L；

　　　c_j^θ ——第 j 种水质指标的标准浓度，mg/L。

（2）需水量最少

$$W = \min\{W_1\ W_2 \cdots W_i\} \tag{7.46}$$

式中　W ——河道所需的最小补水量，m^3；

　　　W_i ——第 i 种调控方案下河道所需的补水量，m^3。

7.1.3.2　约束条件

（1）水量平衡方程

$$\Sigma Q_{\text{in}} = \Sigma Q_{\text{out}} + \Delta Q_{\text{in}} - \Delta Q_{\text{out}} \tag{7.47}$$

式中　Q_{in} ——河道起始断面来流量，m^3/s；

　　　Q_{out} ——河道末端断面出流量，m^3/s；

　　　ΔQ_{in} ——河道旁侧来流量，m^3/s；

　　　ΔQ_{out} ——河道旁侧出流量，m^3/s。

（2）水位约束

$$\underline{h} \leqslant h_i \leqslant \bar{h} \tag{7.48}$$

式中　$\underline{h}$ ——河段中所允许的最低水位值，m；

　　　h_i ——河段中正常情况下的水位值，m；

　　　$\bar{h}$ ——河段中所允许的最高水位值，m。

（3）补水水质约束

$$C_{\min} \leqslant C \leqslant C_{\max} \tag{7.49}$$

式中　C ——补水水源的污染物浓度，mg/L；

　　　$C_{\min}$ ——补水水源污染物浓度的最小值，mg/L；

　　　$C_{\max}$ ——补水水源污染物浓度的最大值，mg/L。

7.2　模型率定与验证

7.2.1　模型参数

建立的耦合模型当中，水动力模型的主要率定参数为河床糙率，水质模型的主要率定参数为扩散系数和降解系数。

7.2.1.1 河床糙率

河床糙率又称为粗糙系数，符号为 n，它反映了河床边界表面对水流阻力的影响，河床糙率的确定一般有实测法和查表法。

（1）实测法

天然河道糙率的确定可以通过实测河道数据进行公式反推得到。河床表面越粗糙，则糙率越大，水流阻力也越大，反之则越小。河道中各种水力参数随空间变化而变化，而且在一些局部区域变化比较明显，因此在推导河床糙率时，要选取恰当的计算断面。通常会采用在丰水期、平水期、枯水期实测的不同流量下的水面线，结合各个过水断面的面积和流速，然后通过能量方程推导出天然河床的粗糙系数，通常可以采用曼宁公式进行求解，见式（7.50）。

$$v = \frac{1}{n} R^{2/3} J^{1/2} \tag{7.50}$$

式中　v ——流速，m/s；

　　　n ——河床糙率；

　　　R ——水力半径，m；

　　　J ——水力坡降。

曼宁公式的使用范围比较广泛，若明渠中流体的流态为恒定均匀流或恒定缓变流时，可以采用更为简洁的表达式对糙率进行求解，其表述形式见式（7.51）。

$$Q = cA\sqrt{RJ} \tag{7.51}$$

式中　Q ——过流断面的流量，m³/s；

　　　c ——谢才系数；

　　　A ——过流断面的面积，m²。

为了引入河床糙率的概念，谢才系数 c 可以用式（7.52）表示。

$$c = \frac{1}{n} R^{1/6} \tag{7.52}$$

最后通过实测水位值、流量值推导出河道糙率的表达式如下。

$$n = \frac{R^{2/3}}{v}\sqrt{J} = \frac{AR^{2/3}}{Q}\sqrt{J} \tag{7.53}$$

（2）查表法

人们通过多年的实验测定以及长期的实践经验，确定了不同的河床形态下、不同水位值所对应的河床糙率。部分河道形态下的河床糙率见表 7.1。

表 7.1 河道糙率表

序号	河床形态	河床糙率
1	河道顺直，河底为砂质，水流通畅，河床规整，河岸两侧形状较整齐	0.02~0.026
2	河道大部分顺直或下游存在部分弯曲，河底为砂质，水流较通畅，两岸长有杂草	0.025~0.029
3	河道不完全顺直，上下游均存在弯曲，水流较通畅，回流和斜流现象不明显，两岸长有杂草	0.03~0.034
4	河道顺直段较短，且与上下游弯曲段连接，河床由鹅卵石或石块组成，河床断面不整齐，两岸有陡坡且存在杂草和树木	0.035~0.04
5	河道不顺直，水流不通畅，存在回流、死水等现象，河床由大乱石或乱石组成，两岸崎岖，长有杂草和树木	0.04~0.1

根据多年的经验数值，选取不同的河床糙率值代入水动力模型中，比较模拟值与实测值的误差大小，最终得到河床糙率的范围为 0.025~0.035，且河床糙率为 0.033 时为最佳率定值。

7.2.1.2 扩散系数

扩散系数是进行水质模拟的一个重要基础参数，模型中涉及的扩散系数为综合扩散系数，包括紊流扩散、分子扩散、剪切扩散等。对于河流水深较浅的大型河网，纵向尺度远小于横向尺度的河流，可以将复杂的三维问题简化为河流垂直方向上的一维问题。扩散系数的影响因素有断面的形状、河道的形态、水力坡降、断面平均流速等，其经验方程见式（7.54）。

$$E_x = \alpha_x h u_x \tag{7.54}$$

式中　E_x——扩散系数；

　　　α_x——系数，通过数值试验或经验公式来确定；

　　　h——断面的平均水深，m；

　　　u_x——河流摩阻流速，m/s，其中 $u_x = \sqrt{ghJ}$；

　　　J——水力坡降。

污染物的扩散系数采用式（7.55）进行确定。

$$D = aV^b \tag{7.55}$$

式中　D——污染物的扩散系数，m²/s；

　　　V——流速，根据水动力模型计算得来，m/s；

　　a ——扩散因子；

　　b ——扩散指数。

扩散因子 *a* 与扩散指数 *b* 可以自行定义。当扩散指数 *b* 为 0 时，扩散系数 *D* 为定值，且与扩散因子 *a* 相等；当水体中污染物只进行对流运输没有扩散时，扩散系数 *D* 为 0；扩散系数的最大、最小值用于控制模型计算中污染物扩散系数的范围。通常定义小溪的扩散系数在 1～5m²/s 之间，河流的扩散系数在 5～20m²/s 之间，因此浑河沈抚段研究区域污染物的扩散系数设定为 10m²/s。

7.2.1.3　降解系数

一般来说，河流水体经过污染后，自身有一定的净化作用，通过物理降解、化学降解、生物降解等过程，使水体中污染物浓度降低。污染物降解系数的影响因素包括水力条件、温度、pH、污染物浓度、溶解氧等，模拟一级降解过程见式（7.56）。

$$\frac{dC}{dt} = KC \tag{7.56}$$

式中　*C* ——污染物浓度，mg/L；

　　　K ——污染物降解系数；

　　　t ——时间，s。

污染物的降解系数可以通过实测的不同监测点数据计算得到，也可以参考相关文献中类似区域的污染物降解系数，或通过实验测定得到。通常情况下，我们认为河流的自净能力是近似不变的，根据监测计算可得，河流水体中 COD 的降解系数为 0.1/d～0.2/d，最佳率定值为 0.18/d；NH$_3$-N 的降解系数为 0.1/d～0.5/d，最佳率定值为 0.12/d。

7.2.2　模型的率定与验证

7.2.2.1　水动力模型的率定与验证

在模型计算时，采用大伙房水库的逐日平均流量作为上边界条件，以给定的水位值作为下边界条件，模拟的时间步长为 30s，模拟结果保存的时间间隔为 1 天。采用抚顺（二）站、沈阳（三）站从 2014 年 10 月 1 日到 2015 年 5 月 1 日的实测流量、水位值对模型参数进行率定；采用 2013 年 10 月 1 日到 2014 年 5 月 1 日的实测流量、水位值对模型进行验证，率定及验证结果见图 7.3～图 7.10。

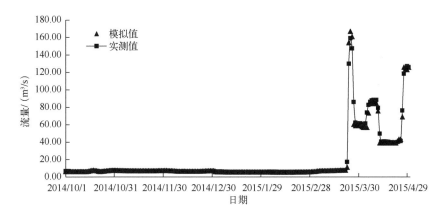

图 7.3　抚顺（二）站断面流量率定图

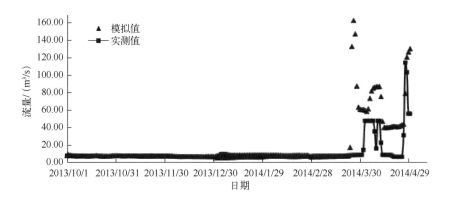

图 7.4　抚顺（二）站断面流量验证图

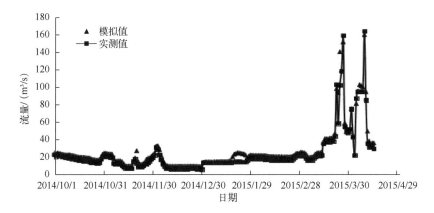

图 7.5　沈阳（三）站断面流量率定图

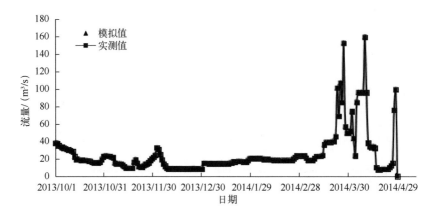

图 7.6　沈阳（三）站断面流量验证图

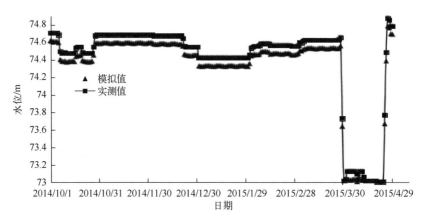

图 7.7　抚顺（二）站断面水位率定图

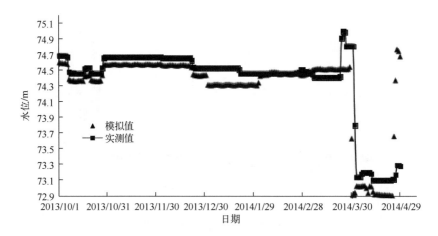

图 7.8　抚顺（二）站断面水位验证图

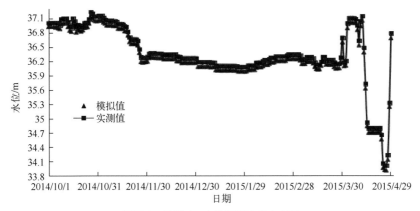

图7.9 沈阳（三）站断面水位率定图

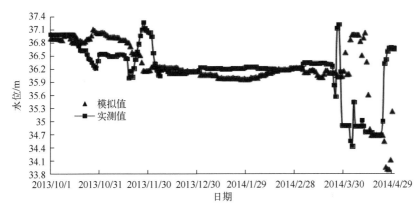

图7.10 沈阳（三）站断面水位验证图

从率定和验证的图像可以看出，模型模拟的流量、水位值与实测水文数据有一定的误差，尤其在流量、水位值较小时，误差则较大。不难想出，在模拟值与真实值相差一定的情况下，真实值越小，相对误差则越大，但模拟值与真实值的变化趋势基本相吻合。《水文情报预报规范》（GB/T 22482—2008）中对模拟值与真实值之间的许可误差做出了规定，断面流量的相对误差以5%为下限，断面水位的绝对误差在10cm以下。利用模型模拟的断面流量、水位值均符合规范要求，分析导致这些误差存在的可能原因有：

① 模型计算采用的支流流量是通过实地调研，利用流速仪测出的流速与测定的断面面积计算得到，在测量过程中势必存在一定的偶然误差，造成支流流量的不准确性。

② 实际中存在闸坝检修的情况。因此在非汛期存在实际水位突然增高或降低的情况，使模拟出的水位值与真实值之间存在误差。

③ 为了满足城市景观的需求，实际河流水位不能低于规定的高度，因此模拟出的结果值存在偏小的可能性。

④ 模型在计算中没有考虑蒸发、渗漏等影响因素，使模拟值与真实值之间存在一定的误差。

综上所述，模拟值与实测值之间虽然存在一定的误差，但在允许的误差范围之内，说明率定参数的选取较合理，该模型满足实际工程对精度的要求，可用于浑河流域沈抚段的水力模拟。

7.2.2.2　水质模型的率定与验证

在率定和验证好的水动力模型基础上，添加水质参数以及水质边界条件，采用 2014 年 10 月 1 日到 2015 年 5 月 1 日的实测水质数据对模型参数进行率定，采用 2015 年 10 月 1 日到 2016 年 5 月 1 日的实测水质数据对模型进行验证，设定和水动力模型相同的模拟时间段和时间步长，模拟数据保存的时间间隔为 30 天。以高阳橡胶坝断面、下伯官拦河坝断面、东陵大桥断面、王家湾橡胶坝断面、长青桥断面的实测 COD、NH_3-N 值作为率定及验证的依据，其中高阳橡胶坝断面的率定及验证结果见图 7.11、图 7.12。

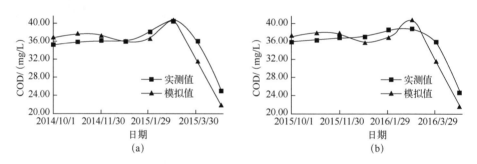

图 7.11　高阳橡胶坝断面 COD 率定（a）、验证（b）图

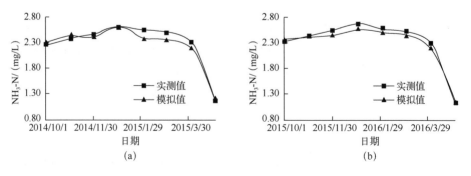

图 7.12　高阳橡胶坝断面 NH_3-N 率定（a）、验证（b）图

从曲线图可以看出，模拟值与真实值的变化趋势相吻合，COD 的相对误差在
10%以下，NH₃-N 的相对误差也在 10%以下，根据《水文情报预报规范》（GB/T
22482—2008）中对断面水质模拟的要求，模拟值与真实值之间的相对误差要小于
等于 10%，说明模型率定的结果符合要求。分析造成这些误差存在的可能原因有：

① 研究区域内沿途有众多排污口，对排污口的具体位置不完全确定，导致水
质模拟结果与真实值有一定的误差。

② 模型只进行了一维水质的模拟，实际河流水体中复杂的生态系统并没有完
全模拟出来，如底泥需氧量、水体中的呼吸作用、光合作用产氧等。

模拟值与真实值之间存在误差，但都在合理的范围之内，说明模型参数的选
取能够如实反映出河流水体中污染物稀释、降解等过程。

7.2.3 模型精确度的评价

对模型进行精确度的评价，就是对模型计算值与真实值之间的误差进行计算
和分析，关系到整个模型运行的可靠性及稳定性。精确度评价一般是通过简单的
随机采样，采集具有代表性时间、地点，且能真实反映出水流运动状态和污染现
状的有效样品，进行误差表征值的计算，来确定模型的精确度。采用抚顺（二）
站、沈阳（三）站断面的各月平均流量、水位值进行精度的对比，用计算相对误
差的方法对流量的模拟值与真实值进行对比分析，用计算绝对误差的方法对水位
进行精度分析；采用五个断面的各月污染物浓度平均值进行精度对比，将高阳橡
胶坝、下伯官拦河坝、东陵大桥、王家湾橡胶坝、长青桥断面进行 1～5 的编号，
采用相对误差的计算方法进行精度对比，结果见表 7.2～表 7.5。

表 7.2　断面流量精度对比

次数	抚顺（二）站			沈阳（三）站		
	模拟值 /(m³/s)	实测值 /(m³/s)	相对误差 /%	模拟值 /(m³/s)	实测值 /(m³/s)	相对误差 /%
1	7.75	6.90	1.20	19.30	19.57	−1.40
2	7.55	7.38	2.40	15.42	15.05	2.50
3	7.08	6.99	1.30	16.39	16.47	0.50
4	28.64	28.93	−1.00	16.32	15.59	4.70
5	30.64	30.31	1.10	19.89	19.44	2.30
6	68.56	65.99	3.90	18.06	17.35	4.10
7	64.23	66.79	−3.80	47.90	45.70	4.80

表7.3 断面水位精度对比

次数	抚顺（二）站			沈阳（三）站		
	模拟值/m	实测值/m	绝对误差/m	模拟值/m	实测值/m	绝对误差/m
1	74.49	74.58	−0.09	36.93	37.01	−0.08
2	74.62	74.71	−0.09	36.71	36.81	−0.10
3	74.56	74.66	−0.10	36.19	36.29	−0.10
4	74.35	74.45	−0.10	36.01	36.10	−0.10
5	74.49	74.59	−0.10	36.12	36.21	−0.09
6	74.47	74.56	−0.09	36.13	36.23	−0.10
7	73.31	73.40	−0.09	35.58	35.68	−0.10

表7.4 断面 COD 浓度精度对比

次数	断面1			断面2			断面3			断面4			断面5		
	模拟值/(mg/L)	实测值/(mg/L)	相对误差/%	模拟值/(mg/L)	实测值/(mg/L)	相对误差/%	模拟值/(mg/L)	实测值/(mg/L)	相对误差/%	模拟值/(mg/L)	实测值/(mg/L)	相对误差/%	模拟值/(mg/L)	实测值/(mg/L)	相对误差/%
1	36.78	35.09	4.80	32.89	35.16	−6.50	32.07	34.71	−7.60	33.99	34.25	−0.76	35.19	34.33	2.50
2	37.61	35.56	5.80	33.15	35.55	−6.08	32.24	34.78	−7.30	34.11	34.29	−0.55	35.29	34.75	1.60
3	37.25	35.89	3.80	34.75	36.07	−3.70	34.22	35.83	−4.50	36.27	35.61	1.90	36.96	35.93	2.90
4	35.78	36.00	−0.60	34.82	36.95	−5.80	35.07	36.62	−4.30	37.73	36.35	3.80	36.96	37.48	−1.40
5	36.71	38.08	−3.60	36.44	38.71	−5.90	38.02	39.32	−3.30	39.12	38.93	0.48	36.59	37.89	−3.40
6	40.19	40.63	−1.10	36.20	38.12	−5.00	38.80	40.06	−3.10	39.79	39.98	−4.70	37.49	36.47	2.80
7	33.06	35.94	−8.00	30.32	32.58	−7.00	32.85	37.64	−0.40	33.25	37.34	−2.20	30.82	28.61	7.70

表7.5 断面 NH$_3$-N 浓度精度对比

次数	断面1			断面2			断面3			断面4			断面5		
	模拟值/(mg/L)	实测值/(mg/L)	相对误差/%	模拟值/(mg/L)	实测值/(mg/L)	相对误差/%	模拟值/(mg/L)	实测值/(mg/L)	相对误差/%	模拟值/(mg/L)	实测值/(mg/L)	相对误差/%	模拟值/(mg/L)	实测值/(mg/L)	相对误差/%
1	2.38	2.29	0.44	2.32	2.29	1.10	2.59	2.47	4.90	1.99	1.96	1.50	2.21	2.24	−1.40
2	2.43	2.38	2.10	2.37	2.38	−0.47	2.73	2.63	3.80	1.97	2.03	−3.20	2.27	2.33	−2.30

续表

次数	断面 1			断面 2			断面 3			断面 4			断面 5		
	模拟值/(mg/L)	实测值/(mg/L)	相对误差/%	模拟值/(mg/L)	实测值/(mg/L)	相对误差/%	模拟值/(mg/L)	实测值/(mg/L)	相对误差/%	模拟值/(mg/L)	实测值/(mg/L)	相对误差/%	模拟值/(mg/L)	实测值/(mg/L)	相对误差/%
3	2.44	2.48	−2.90	2.45	2.49	−1.60	2.82	2.72	3.80	2.02	2.12	−4.90	2.36	2.37	−0.60
4	2.55	2.61	−0.04	2.68	2.68	0.08	2.92	2.88	1.40	2.19	2.21	−0.77	2.69	2.61	3.20
5	2.51	2.54	−5.70	2.50	2.58	−3.10	2.85	2.82	1.10	2.05	2.18	−5.80	2.57	2.68	−4.00
6	2.45	2.51	−5.90	2.49	2.54	−2.30	2.80	2.77	1.00	2.14	2.23	−4.00	2.57	2.57	0.04
7	2.20	2.31	−4.60	2.31	2.35	−1.80	2.19	2.22	1.30	2.15	2.18	−1.30	2.23	2.28	−2.10

由表 7.2～表 7.5 可知：在断面流量精确度的计算中，抚顺（二）站断面平均流量的实测值与模拟值的相对误差均值为 2.10%，最大相对误差为 3.90%，最小相对误差为 1.00%；沈阳（三）站断面平均流量的相对误差均值为 2.90%，最大相对误差为 4.80%，最小相对误差为 0.50%。在断面水位精确度的计算中，抚顺（二）站断面平均水位的实测值与模拟值的绝对误差均值为 0.09m，最大绝对误差为 0.10m，最小绝对误差为 0.09m；沈阳（三）站断面平均水位的绝对误差均值为 0.09m，最大绝对误差为 0.10m，最小绝对误差为 0.08m。在断面 COD 浓度的精确度计算中，高阳橡胶坝、下伯官拦河坝、东陵大桥、王家湾橡胶坝、长青桥五个断面的 COD 实测值与模拟值的相对误差均值分别为 3.96%、5.80%、4.40%、2.10%、3.19%，最大相对误差分别为 8.00%、7.00%、7.60%、4.70%、7.70%，最小相对误差分别为 0.60%、3.70%、0.40%、0.55%、1.40%。在断面 NH_3-N 浓度的精确度计算中，高阳橡胶坝、下伯官拦河坝、东陵大桥、王家湾橡胶坝、长青桥五个断面的 NH_3-N 实测值与模拟值的相对误差均值分别为 3.10%、1.49%、2.47%、3.07%、1.95%，最大相对误差分别为 5.90%、3.10%、4.90%、5.80%、4.00%，最小相对误差分别为 0.04%、0.08%、1.00%、0.77%、0.04%。

通过以上数据可以看出，模型模拟值基本反映了河道断面的水位、流量值以及 COD、NH_3-N 的浓度变化。水位的平均绝对误差在 10cm 左右，流量的平均相对误差在 5%以下，断面 COD、NH_3-N 浓度的平均相对误差在 10%以下，说明率定、验证后的模型满足实际工程分析中的精确度要求。

7.3 浑河沈抚段水质水量调控方案

7.3.1 调控方案设定

7.3.1.1 设定依据

水库调控方案的设定是依据水质水量联合调控的基本思路：利用微观的水质模拟与宏观的水量调控相结合，也就是利用模拟出的水质结果反过来进行水量的调控。在大伙房水库现状水量调控的基础上，提出新的水质水量调控方案，以COD、NH_3-N 为水质指标，最大程度地改善下游河道断面的水质情况。通过以上的分析，确定了水质水量调控的相关策略。

① 加大水库的下泄流量。以此起到稀释的作用，从而降低河道内污染物的浓度，达到改善水质的目的。

② 截流排污口。浑河流域沈抚段区域的河道两岸重污染企业较多，一些未达标废水经过排污口直接排入水体，势必造成河流污染严重的现象。如果仅仅以加大水库下泄流量来进行污染治理，只能达到治标不治本的效果。因此截流排污口是十分必要的，要以标本兼治为出发点对浑河流域沈抚段进行水污染治理。

③ 改善支流水质。研究区域内的支流水系由于穿越居民区而变为排污沟，支流水系的水环境遭到破坏，富营养化严重，部分支流已经变为黑臭水体。由第 6 章可知，支流水质情况对河道干流的水质情况影响较大，因此把握好支流水质对河流水质改善是十分重要的。

以上述的水量调控策略作为出发点，以现有的水质水量调控方式为背景，制定了一系列不同的水质水量调控方案。

7.3.1.2 截污调控方案

对排污口进行截流以后，再制定大伙房水库水质水量调控方案，使干流断面水质达标。制定以下六种方案：

① 方案一：每天放水 35m³/s。

② 方案二：每天放水 40m³/s。

③ 方案三：每天放水 45m³/s。

④ 方案四：10 月到次年 1 月每天放水 35m³/s，2 月到 4 月每天放水 100m³/s。

⑤ 方案五：10 月到次年 1 月每天放水 35m³/s，2 月到 4 月每天放水 135m³/s。

⑥ 方案六：10 月到次年 1 月每天放水 40m³/s，2 月到 4 月每天放水 125m³/s。

7.3.1.3 截污与支流达标调控方案

在支流水质指标达到Ⅴ类水标准的基础上，制定以下五种调控方案：

① 方案一：10 月 1 日到次年 4 月 30 日平均每天放水 20m³/s。

② 方案二：10 月 1 日到 10 月 10 日平均每天放水 20m³/s；10 月 11 日到次年 4 月 30 日平均每天放水 15m³/s。

③ 方案三：10 月 1 日到 10 月 10 日平均每天放水 20m³/s；10 月 11 日到 12 月 10 日平均每天放水 15m³/s；12 月 11 日到 12 月 31 日平均每天放水 20m³/s；1 月 1 日到 4 月 10 日平均每天放水 15m³/s；4 月 11 日到 4 月 30 日平均每天放水 20m³/s。

④ 方案四：10 月 1 日到 10 月 10 日平均每天放水 20m³/s；10 月 11 日到 12 月 10 日平均每天放水 15m³/s；12 月 11 日到 12 月 31 日平均每天放水 20m³/s；1 月 1 日到 4 月 10 日平均每天放水 15m³/s；4 月 11 日到 4 月 30 日平均每天放水 50m³/s。

⑤ 方案五：10 月 1 日到 10 月 10 日平均每天放水 20m³/s；10 月 11 日到 12 月 10 日平均每天放水 15m³/s；12 月 11 日到 12 月 31 日平均每天放水 20m³/s；1 月 1 日到 4 月 10 日平均每天放水 15m³/s；4 月 11 日到 4 月 30 日平均每天放水 60m³/s。

7.3.2 调控方案比较与分析

利用建立的浑河沈抚段水质水量耦合模型对一系列不同的水量调控方案进行模拟，通过改变水动力模块中大伙房水库下泄流量的时间序列文件、边界条件中的排污口以及边界条件中支流水系的污染物浓度，来模拟水库下游河道断面的水质情况。现状水量调控、截污调控、截污与支流达标调控这三种策略中分别制定了不同的方案，通过比较各方案中河道断面流量的大小、水质改善的程度与水库下泄流量的大小、排污口是否截流、支流水质情况的关系，确定出一个最优的水质水量调控方案。

7.3.2.1 截污基础上的水量调控

（1）截流排污口

在现状水量调控的基础上增加水库下泄流量的策略不能使河道断面水质指标全部达到地表水Ⅳ类水标准。由于河道两岸设有排污口，存在向河道干流排放污水的现象，因此提出截流排污口的策略。在大伙房水库现状水质水量调控的基础上，通过截断研究区域内河道两侧排污口的污水排放，观察干流断面水质的变化。

其中天湖大桥和东陵大桥断面水质变化情况见图 7.13～图 7.16。

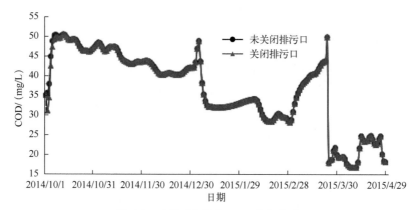

图 7.13　天湖大桥断面 COD 变化（1）

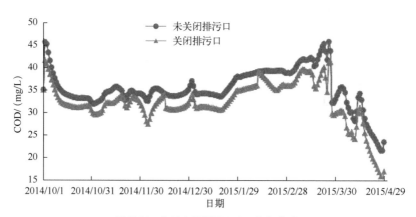

图 7.14　东陵大桥断面 COD 变化（1）

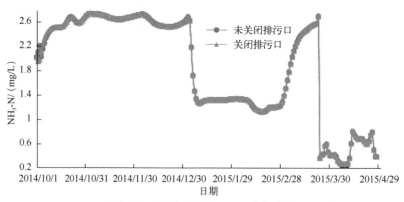

图 7.15　天湖大桥断面 NH₃-N 变化（1）

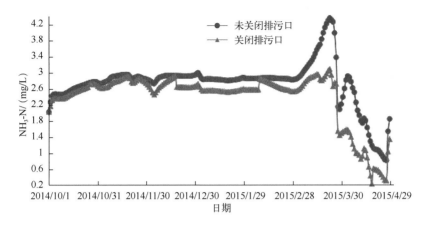

图 7.16 东陵大桥断面 NH₃-N 变化（1）

根据模拟出的七个断面水质情况，分析结果如下：

① 研究区域内的排污口有高阳橡胶坝排污口、下伯官排污口和长青桥排污口，由于排污口的位置处于和平桥断面的下游，因此截流排污口以后，对上游的天湖大桥、和平桥断面的水质情况并没有影响，但对下游的东陵大桥、新立堡大桥、下伯官拦河坝、长青桥、浑河闸断面的水质指标有很大的影响，断面的 COD、NH₃-N 浓度明显降低。

② 关闭研究区域内的排污口以后，部分断面在某些时刻的 COD 浓度低于30mg/L，NH₃-N 浓度低于 1.5mg/L，不需要大伙房水库进行流量下泄，断面的水质指标就可以直接达到地表水Ⅳ类水标准。

综上所述，在大伙房水库现状水质水量调控的基础上，对排污口进行截流，断面的 COD、NH₃-N 浓度有显著的降低，部分断面在某些时刻的水质指标达到地表水 Ⅲ 类水标准。因此取消河道两侧的排污口对河流水质的改善是有显著效果的，建议取消排污口，以达到控源截污的目的。

（2）截流排污口后的水量调控

对研究区域内的排污口进行截流以后，仍有部分断面在某些时刻的 COD、NH₃-N 指标未能达到地表水Ⅳ类水标准，因此需要重新制定大伙房水库的水量调控方案，使干流断面水质达标。

① 断面水质情况 制定六种水量调控方案，天湖大桥和东陵大桥的断面水质情况见图 7.17 至图 7.20。

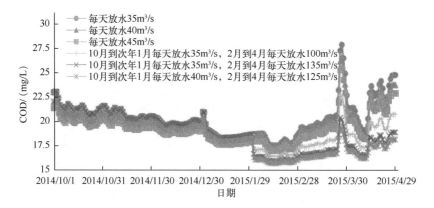

图 7.17　天湖大桥断面 COD 变化（2）

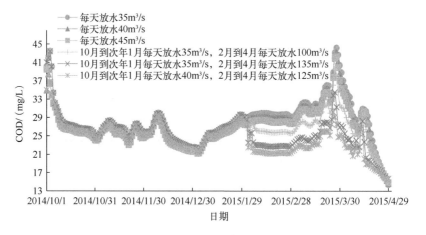

图 7.18　东陵大桥断面 COD 变化（2）

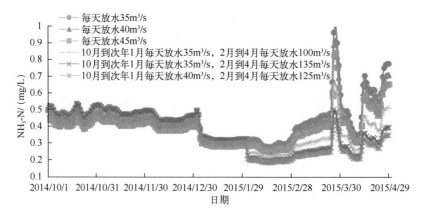

图 7.19　天湖大桥断面 NH₃-N 变化（2）

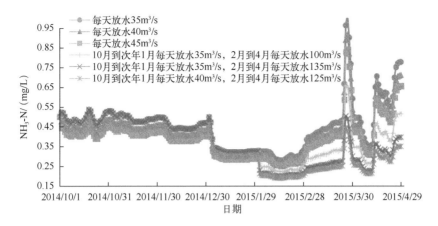

图 7.20 东陵大桥断面 NH₃-N 变化（2）

根据模拟出的七个断面水质情况，分析数据如下：

a. 根据现状情况下的断面水质情况可知，非汛期时段内，3 月和 4 月的水质情况较差。由方案一、方案二和方案三可知，当水库每日的下泄流量分别为 35m³/s、40m³/s 和 45m³/s 时，河道断面 COD、NH₃-N 指标达到地表水Ⅳ类水标准的时间长度在逐渐增加。当水库每日的下泄流量达到 40m³/s 时，河道断面从 10 月到次年 1 月均可以达到地表水Ⅳ类水标准，但在 3 月和 4 月断面水质指标不能满足要求。

b. 在方案一到方案三的基础上，调整 2 月到 4 月的水库下泄流量，这里设定的在 2 月到 4 月的水库下泄流量分别为 100m³/s、125m³/s、135m³/s。且水库下泄流量越大，河道断面的水质达标时间长度越长，当水库下泄流量达到 125m³/s 时，各个断面的 COD、NH₃-N 指标均能达到地表水Ⅳ类水标准。

综上所述，截流排污口对河道断面的水质有较大的改善。在截流排污口的基础上，方案六即 10 月到次年 1 月每天放水 40m³/s、2 月到 4 月每天放水 125m³/s 的水量调控方式为最佳，此时的大伙房水库下泄流量要小于不关闭排污口时的水库下泄流量。

② 断面流量情况 选取抚顺（二）站和沈阳（三）站两个断面在最优方案中的断面流量进行分析，结果见图 7.21。

在截流排污口的基础上，重新制定了水量调控方案，在最优方案中，抚顺（二）站及沈阳（三）站的断面流量情况分析如下：

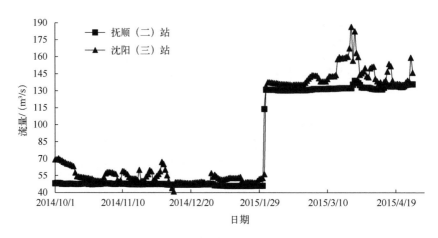

图 7.21　河道断面流量情况（1）

a. 抚顺（二）站及沈阳（三）站断面流量在非汛期时段不低于 40m³/s，且断面流量的变化情况随着水库下泄流量的改变而改变。

b. 大伙房水库从 10 月份到次年 1 月份水库下泄流量保持在 40m³/s 不变，抚顺（二）站及沈阳（三）站断面的流量变化趋于平稳。大伙房水库的下泄流量从 2 月份开始增加，两个断面的流量也随之增大，抚顺（二）站断面流量最大为 138.894m³/s，沈阳（三）站断面流量最大为 186.425m³/s。

由此可见，在截流排污口的基础上进行水量调控，所需水库下泄流量比现状基础上的水量调控方式所需下泄流量要小，河道断面流量也随之减小，但断面污染物指标均能达到地表水Ⅳ类水标准。因此，截流排污口对河道断面水质污染有较好的改善作用。

7.3.2.2　截污与支流达标基础上的水量调控

（1）关闭排污口且支流达标调控

河道干流断面的水质情况会受到支流水质的影响。在取消排污口污水排放的同时，降低支流污染物的浓度。设定支流的水质指标分别达到地表水Ⅳ类水标准、地表水Ⅴ类水标准、污水处理厂排放Ⅰ级 A 标准、污水处理厂排放Ⅰ级 B 标准。利用模型，改变支流的污染物浓度，对河道干流断面的水质情况进行了模拟，其中天湖大桥和东陵大桥断面水质结果见图 7.22～图 7.25。

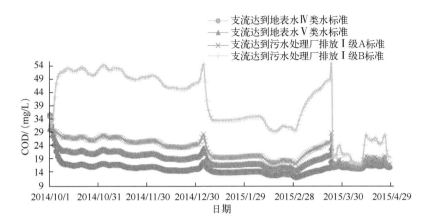

图 7.22　天湖大桥断面 COD 变化（3）

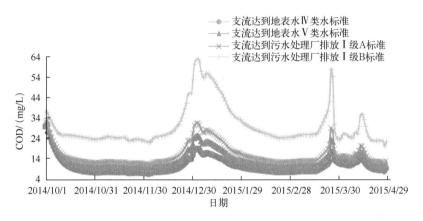

图 7.23　东陵大桥断面 COD 变化（3）

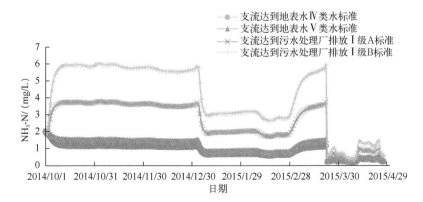

图 7.24　天湖大桥断面 NH₃-N 变化（3）

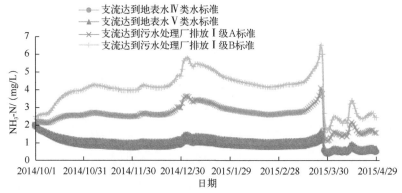

图 7.25　东陵大桥断面 NH₃-N 变化（3）

根据七个断面的水质模拟结果，分析如下：

① 由图可知，降低支流污染物的浓度对河道断面水质的改善有一定的作用，而支流的污染物浓度越低，水质改善程度越大。

② 当支流的水质指标达到污水处理厂排放Ⅰ级 B 标准时，河道断面水质为劣Ⅴ类，COD、NH₃-N 浓度严重超标。

③ 当支流的水质指标达到污水处理厂排放Ⅰ级 A 标准时，河道干流断面的水质指标在大部分时间内都超过地表水Ⅳ类水标准，只有部分断面在某些时刻满足地表水Ⅳ类水要求。

④ 当支流的水质指标达到地表水Ⅴ类水标准时，河道干流断面的水质指标几乎都能达到地表水Ⅳ类水标准，部分断面在某些时刻仍不满足要求。

⑤ 当支流的水质指标达到地表水Ⅳ类水标准时，河道干流断面的水质指标全部达到地表水Ⅳ类水标准，部分断面在某些时刻的水质指标可以达到地表水Ⅲ类水标准。

综上所述，在截流排污口的同时，控制支流水系的污染物浓度，可以有效地降低河道干流断面的污染物浓度。截流排污口并使支流水质指标达到地表水Ⅳ类水标准时，断面水质指标全部达标；截流排污口并使支流水质指标达到地表水Ⅴ类水标准，部分断面水质指标在某些时刻仍不满要求，此时需要大伙房水库适度地放水，且污水处理厂污水排放必须达到一级 A 标准，才能使得支流水系的污染物浓度降低，从而使河道干流断面的水质得到改善。

（2）支流达标后的水量调控

取缔排污口的同时让支流水质指标达到地表水Ⅴ类水标准，部分断面在某些时刻的 COD、NH₃-N 指标仍不满足要求，因此需要大伙房水库进行一定量的流量下泄，使河道干流断面水质指标达到地表水Ⅳ类水标准。

① 断面水质情况　设定五种水量调控方案,利用模型进行河道干流水质的模拟,其中天湖大桥和东陵大桥断面水质情况见图 7.26～图 7.29。

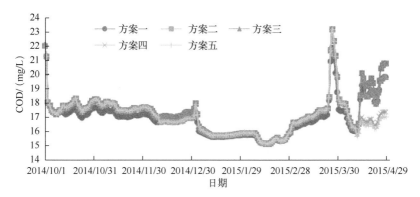

图 7.26　天湖大桥断面 COD 变化（4）

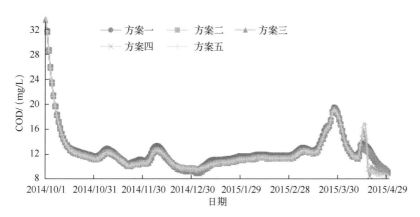

图 7.27　东陵大桥断面 COD 变化（4）

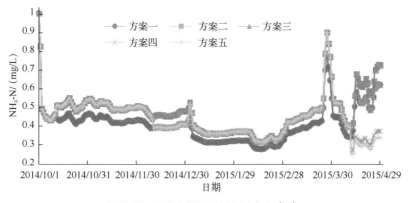

图 7.28　天湖大桥断面 NH$_3$-N 变化（4）

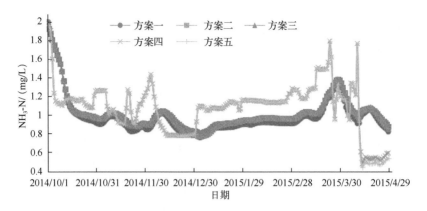

图 7.29　东陵大桥断面 NH₃-N 变化（4）

根据七个断面的水质模拟结果，分析如下：

a. 根据方案一、方案二可知，大伙房水库每日下泄流量不得小于 15m³/s，若低于 15m³/s 对河道断面的水质改善没有太大影响。

b. 由方案一、方案二的模拟结果可知，12 月和 4 月时河道断面的 COD、NH₃-N 浓度略高，方案三在前两个方案的基础上，对 12 月和 4 月的水库下泄流量进行了调整，从 15m³/s 增加至 20m³/s。调整后 12 月份的河道断面水质有了明显的改善，但是 4 月的水质指标还略有超标。

c. 在方案三的基础上，对 4 月的水库下泄流量进行调整，从 20m³/s 增加至 50m³/s、60m³/s。根据方案四和方案五的模拟结果可知，水库的下泄流量在 4 月份达到 50m³/s 时，河道断面的 COD、NH₃-N 浓度就可以全部达标。

综上所述，在截流排污口的同时使支流水系达到地表水 V 类水标准，此时大伙房水库需要重新制定水库的下泄流量，根据分析可知，方案四即 10 月 1 日到 10 月 10 日平均每天放水 20m³/s；10 月 11 日到 12 月 10 日平均每天放水 15m³/s；12 月 11 日到 12 月 31 日平均每天放水 20m³/s；1 月 1 日到 4 月 10 日平均每天放水 15m³/s；4 月 11 日到 4 月 30 日平均每天放水 50m³/s 为最佳，此时河道断面的水质指标均达到地表水 IV 类水标准。

② 断面流量情况　选取抚顺（二）站和沈阳（三）站两个断面在最优调控方案中的断面流量进行分析，结果见图 7.30。

在最优调控方案中，抚顺（二）站及沈阳（三）站断面的流量情况分析如下：

a. 河道断面的流量变化情况随着水库下泄流量的改变而改变，当水库下泄流量减小，下游河道断面的流量也随之降低，当水库下泄流量增加，断面流量也随之增大。

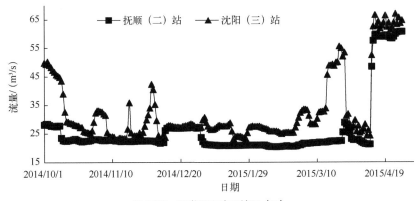

图 7.30　河道断面流量情况（2）

b. 从 10 月份到次年 4 月份，大伙房水库下泄流量在 15m³/s 与 20m³/s 两个数值之间不断变化，抚顺（二）站断面流量也随之波动，且断面流量波动程度较沈阳（三）站要小。在此期间，抚顺（二）站断面流量最大为 27.221m³/s，最小为 20.276m³/s；沈阳（三）站断面流量最大为 42.323m³/s，最小为 21.649m³/s。

综上所述，在截流排污口且支流水质指标达到地表水Ⅳ类水标准的基础上进行的水量调控，其所需的水库下泄流量比现状基础上的水量调控方式以及截污调控方式所需的下泄流量要小，河道断面流量也随之减小，但断面污染物指标均可达到地表水Ⅳ类水标准。因此，截流排污口的同时考虑支流污染物浓度，可以实现水库小流量放水使河道断面水质改善的目的。

7.3.3　最优调控方案确定

以加大水库下泄流量、截流排污口、改善支流水质为出发点，制定了不同的水库调控方案，并分析得出每种调控策略下的最优方案，同时计算了每种方案所需的水库总放水量，见表 7.6。

表 7.6　各方案水库总放水量

策略	最优方案	水库总放水量/亿 m³
现状水量调控	10 月份每天放水 55m³/s；11 月份每天放水 65m³/s；12 月份前半月每天放水 75m³/s、后半月每天放水 55m³/s；1 月份前半月每天放水 55m³/s、后半月每天放水 60m³/s；2 月份每天放水 65m³/s；3 月份前半月每天放水 95m³/s、后半月每天放水 135m³/s；4 月份前半月每天放水 135m³/s、后半月每天放水 65m³/s	13.89
截污调控	10 月份到次年 1 月份每天放水 40m³/s、2 月份到 4 月份每天放水 125m³/s	13.86

续表

策略	最优方案	水库总放水量/亿 m³
截污与支流达标调控	10 月 1 日到 10 月 10 日平均每天放水 20m³/s；10 月 11 日到 12 月 10 日平均每天放水 15m³/s；12 月 11 日到 12 月 31 日平均每天放水 20m³/s；1 月 1 日到 4 月 10 日平均每天放水 15m³/s；4 月 11 日到 4 月 30 日平均每天放水 50m³/s	3.63

选取和平桥、长青桥两个断面对最优水量调控方案下的断面 COD、$NH_3\text{-}N$ 浓度的进行比较，见表 7.7 至表 7.9。

表 7.7　现状基础上水量调控方案中断面污染物浓度

策略	时间	和平桥断面水质		长青桥断面水质	
		COD/（mg/L）	$NH_3\text{-}N$/（mg/L）	COD/（mg/L）	$NH_3\text{-}N$/（mg/L）
现状基础上的水量调控	十月	24.44～33.00（起始）	0.85～1.14（起始）	25.83～35.00（起始）	1.46～2.15（起始）
	十一月	20.78～27.58	0.61～1.05	25.55～28.70	1.28～1.50
	十二月	20.03～28.60	0.54～1.09	20.16～26.85	1.21～1.47
	一月	23.14～26.10	0.73～0.90	20.07～29.27	1.26～1.49
	二月	23.94～25.79	0.77～0.88	28.19～29.25	1.41～1.47
	三月	19.97～27.85	0.45～1.02	26.15～29.43	1.35～1.85
	四月	18.30～31.24	0.36～1.20	23.77～28.02	1.03～1.76

表 7.8　截污调控方案中断面污染物浓度

策略	时间	和平桥断面水质		长青桥断面水质	
		COD/（mg/L）	$NH_3\text{-}N$/（mg/L）	COD/（mg/L）	$NH_3\text{-}N$/（mg/L）
截污调控	十月	26.77～38.34（起始）	1.03～2.16（起始）	24.89～35.00（起始）	1.44～2.06（起始）
	十一月	23.42～30.06	0.82～1.28	25.37～30.84	1.31～1.49
	十二月	23.31～29.64	0.79～1.50	16.95～26.98	1.18～1.50
	一月	24.95～28.95	0.92～1.10	16.85～30.21	1.15～1.39
	二月	20.08～22.17	0.51～0.64	22.27～25.84	0.78～1.39
	三月	20.30～29.86	0.47～1.42	22.60～30.18	0.81～1.52
	四月	19.17～23.21	0.40～1.26	18.05～26.95	0.11～1.04

表 7.9 截污与支流达标调控方案中断面污染物浓度

策略	时间	和平桥断面水质		长青桥断面水质	
		COD/（mg/L）	NH$_3$-N/（mg/L）	COD/（mg/L）	NH$_3$-N/（mg/L）
截污与支流达标调控	十月	22.66～35.00（起始）	1.10～1.95（起始）	8.82～31.52（起始）	0.98～1.93（起始）
	十一月	23.42～30.66	0.91～1.27	8.10～10.65	0.85～0.99
	十二月	19.201～26.05	0.79～1.44	7.99～10.80	0.83～0.97
	一月	18.53～29.21	1.06～1.15	8.49～9.69	0.79～0.90
	二月	22.13～24.37	1.13～1.23	8.99～9.62	0.89～0.92
	三月	23.83～25.65	0.96～1.45	9.08～14.28	0.89～1.21
	四月	16.83～27.40	0.48～1.35	9.06～13.57	0.63～1.22

通过对表 7.6～表 7.9 的分析，得到结论如下：

① 在大伙房水库现状基础上进行水质水量调控所需的水库总放水量最多为 13.88 亿 m³，截污与支流达标调控所需的水库总放水量最少为 3.6 亿 m³，两种调控方案所需的水库总放水量相差 10 亿 m³ 左右。

② 现状水量调控的方案下，和平桥断面的水质指标在 3 月、4 月份仍会有某些时刻不能达到地表水 Ⅳ 类水要求；截污调控方案中，长青桥断面的 NH$_3$-N 指标在 3 月份仍会有某些时刻不能达到地表水 Ⅳ 类水要求；截污与支流达标调控方案中，各个断面的水质指标均能达到地表水 Ⅳ 类水要求。

③ 在大伙房水库现状基础上进行调控的方案所需的水库总放水量最多，但河道断面的水质改善程度最小；截流同时支流水系达到地表水 Ⅴ 类水标准的调控方案所需的水库总放水量最少，但河道断面的水质情况较好，水质指标能够达到地表水 Ⅲ 类、Ⅳ 类水标准。

综上所述，在调控目标结果一致的情况下，根据三种策略制定出的三种最优方案中，截污且支流达到地表水 Ⅴ 类水标准的调控方式所需的水库下泄流量最少，且河道断面的水质改善程度最大。因此确定最优的水质水量调控方案如下：对河道两侧排污口进行截流，同时减少对支流水系的污染物排放，使支流水质指标达到地表水 Ⅴ 类水要求，此时大伙房水库的下泄流量为 10 月 1 日到 10 月 10 日平均每天放水 20m³/s；10 月 11 日到 12 月 10 日平均每天放水 15m³/s；12 月 11 日到 12 月 31 日平均每天放水 20m³/s；1 月 1 日到 4 月 10 日平均每天放水 15m³/s；4 月 11 日到 4 月 30 日平均每天放水 50m³/s。

8

基于生态需水保障的
水质水量调控技术与应用

对浑河流域沈抚段进行年型划分，其中丰水年约占 30.14％，平水年约占
17.81％，枯水年约占 52.05％，因此需要增加对枯水年的关注力度。为了避免生态
需水量计算存在重复问题，对研究区域进行区段划分，充分发挥水利工程的调控
作用，选择以闸坝为节点的分区方式进行区段划分，将浑河沈抚段划分为 13 个子
区域。

8.1　Mike11水质水量耦合模型构建

8.1.1　研究区域生态调控必要性分析

浑河沈抚段位于浑河中游，其间有沈阳（三）及抚顺（二）水文观测站，沈
阳（三）水文站水文数据较抚顺（二）水文站更加齐全，且研究区域内无大型取
水口，故沈阳（三）水文站可真实反映大伙房水库建设对浑河沈抚段水文改变度
的影响。以《辽河流域水文资料（第 3 册）：浑河、太子河系》中沈阳（三）站
1945～2017 年长期日水文观测数据为基础，根据大伙房水库的建库时间将沈阳
（三）站划分为 1945～1958 年和 1959～2017 年两个时间段。采用基于 IHA 的
变动范围法（RVA）对沈阳（三）站水文情势进行分析。水文改变指标计算结果
见表 8.1。

表 8.1　水文改变指标计算结果

	IHA 指标	扰动前平均值	扰动后平均值	平均值变化率/%	RVA 阈值		水文改变度/%
					下限	上限	
第一组	1 月平均流量	9.71	17.64	81.63	9.10	10.55	−100.00
	2 月平均流量	9.85	8.56	−13.07	8.94	10.71	−100.00
	3 月平均流量	10.98	12.96	18.01	10.35	11.00	−100.00
	4 月平均流量	11.16	16.50	47.91	10.27	12.20	−100.00
	5 月平均流量	130.11	86.20	−50.93	57.51	111.90	−54.55
	6 月平均流量	55.65	54.94	−1.30	24.97	75.63	100.00
	7 月平均流量	110.72	63.00	−75.73	21.58	46.29	36.36
	8 月平均流量	162.16	73.34	−121.11	24.87	91.10	−59.09
	9 月平均流量	30.42	30.28	−0.48	14.73	40.71	36.36

续表

IHA 指标		扰动前平均值	扰动后平均值	平均值变化率/%	RVA 阈值		水文改变度/%
					下限	上限	
第一组	10 月平均流量	17.17	24.90	44.99	10.66	19.54	−59.09
	11 月平均流量	13.77	17.40	26.41	10.48	14.18	−59.09
	12 月平均流量	11.58	22.03	90.19	10.11	12.78	−77.27
第二组	最小 1 日流量	3.30	6.81	106.36	3.82	9.98	−100.00
	最小 3 日流量	4.23	7.72	82.51	4.26	10.00	85.61
	最小 7 日流量	4.95	9.21	86.06	4.85	10.04	85.61
	最小 30 日流量	5.73	8.05	40.49	5.87	10.28	100.00
	最小 90 日流量	8.59	14.42	67.87	9.06	10.62	−77.27
	最大 1 日流量	975.80	721.27	−26.08	273.90	1216	85.61
	最大 3 日流量	782.98	575.41	−26.51	242.60	729.30	85.61
	最大 7 日流量	596.37	432.71	−27.44	193.90	413.40	76.36
	最大 30 日流量	292.09	195.31	−33.13	110.20	185.70	63.64
	最大 90 日流量	166.60	115.03	−30.95	75.91	110.20	−79.09
	断流天数	0.00	0.00	0.00	0.00	0.00	0.00
第三组	最小流量出现时间	120.70	148.91	23.37	69.95	150.60	−54.55
	最大流量出现时间	194.30	181.55	−6.56	176.50	219.70	−54.55
第四组	低流量次数	4.73	2.60	−81.82	2.00	3.00	−48.05
	低流量持续时间	21.83	14.32	−34.42	11.15	30.6	−9.09
	高流量次数	3.40	9.45	178.07	3.00	4.37	−100.00
	高流量持续时间	9.09	37.25	75.59	8.63	29.75	63.64
第五组	流量上升率	0.23	1.29	454.84	0.16	0.30	−100.00
	流量下降率	−0.68	−1.66	143.98	−0.96	−0.26	−77.27
	逆转次数	45.00	63.91	42.02	37.63	48.00	−100.00

注：1. 上升率（下降率）表示某日流量相对于前一日流量的平均上升（下降）百分比。

2. 断流天数、最小（最大）流量出现时间、低（高）流量出现时间以水文"天"计。

3. 低（高）流量次数、逆转次数以"次"计。

4. 流量值均以"m³/s"计。

由表 8.1 可知，非汛期（10 月～次年 4 月）除 2 月外其他月份平均流量均增加，其中 12 月、1 月、2 月、3 月、4 月改变程度最为明显，为高度改变，其中 12 月份平均值变化率最大，为 90.19%，非汛期流量增加可以改善植物对土壤含水的需求，也可吻合肉食动物迁徙的需要；汛期（5～9 月份）平均流量降低，6 月份为高度改变，最高月均流量由 8 月份的 162.16m³/s 降低到 73.34m³/s，说明水库在汛期的削峰拦洪作用对汛期的径流量有很大影响。

年极端流量是河道地形、植物群落分布的一个重要影响因素；年极端流量中最小流量呈现出增长趋势，最小日流量均呈高度改变，最小 1 日流量由 3.30m³/s 增加到 6.81m³/s，平均值变化率为 106.36%，最小日流量增加可满足岸边植被所需水量，保障生物多样性；年极端流量中最大日流量呈减小趋势，以最大 30 日流量减小最为显著，由建坝前 292.09m³/s 减至建坝后 195.31m³/s，属中度改变；可见水库的建设运行严重改变的河流原有的极值变化过程，使极小流量增大，极大流量有所降低。

年极端流量发生时间主要影响鱼类产卵繁衍栖息地环境及物种进化。沈阳（三）站最小流量出现时间推迟 28.21 天，属中度改变，极小流量出现时间的推迟严重影响到河内生物的栖息环境，影响河流生态系统的稳定性；最大流量出现时间提前 12.75 天，浑河沈抚段鱼类以鲤科鱼类居多，鱼类一般在汛期涨水时产卵，故需要相对稳定的温度条件，最大流量出现时间提前在一定程度上改变了浑河鱼类产卵的产卵时间及繁殖的行为过程。

高低流量频率及延时是反映泥沙运输、河床结构的一个重要特征。沈阳（三）站低流量次数减少，持续时间缩短，可减少浑河干流部分河滩干旱现象的发生，河滩自然发展，充分体现了水库枯补的特性；高流量次数增加 6.05 次，持续时间延长，有利于泥沙运输，因此对下游河滩有新的泥沙补充，同时为下游生物提供了足够有机质，使下游河流生态更加稳定。

流量变化的改变率及频率对河流中水生生物种群有一定影响，因此二者变化率保持在适当范围内为最佳；流量上升率的改变度较大，为高度改变，流量下降率平均值变化率为 143.98%，为中度改变；逆转次数由 45.00 上升到 63.91，为高度改变，逆转次数较大，则水量波动较大，会对原本脆弱的河岸带植物和有机物生长产生不利影响。

综上所述，大伙房水库的建立运行起到了一定的削峰拦洪作用，但是由于人类过分干预，严重改变了浑河沈抚段原有的天然河流的水文状态，致使鱼类的生活环境受到不同程度的改变，从而影响鱼类生活繁衍，对浑河沈抚段生态系统造成了一定的负面影响。因此，大伙房水库在泄水时，有必要考虑对大伙房水库下游河道的生态环境实施一定的修复手段，即考虑增加生态目标的调控措施，使水量调控在促进本地区经济发展的同时，与地区的生态环境保护相协调。

8.1.2 Mike11 水质水量耦合模型构建

采用构建浑河沈抚段 Mike11 水质水量耦合模型的方法，经过不断地率定和验证来保证模型精度，最终获得浑河沈抚段各断面水文资料。

8.1.2.1 模型构建

采用丹麦水利研究所开发的 Mike 软件，构建浑河沈抚段水质水量调控模型，模拟浑河河流的水流状态和污染物在河道中对流扩散和降解情况。Mike 软件是基于垂向积分的物质和动量守恒方程，即一维非恒定流圣维南（Saint-Venant）方程组构建水量模型，模拟河道的水量演进过程。水质模型是基于一维水质模型，只需要考虑流动方向上的各断面污染物浓度变化，构建水质模型，模拟河道污染物在河道中的变化。二者耦合模型是指水量模型与水质模型采用同一计算单元和时间步长，水量模型给水质计算提供所需的流速、流量、断面过水面积、槽蓄量等水力参数，对河道中水流状态和污染物演变过程同时进行模拟。

8.1.2.2 模型率定与验证

（1）水动力模型的率定与验证

在模型计算时，采用大伙房水库逐日下泄河道平均流量作为上边界条件，以给定的水位值作为下边界条件，模拟的时间步长为 30s，模拟结果保存的时间间隔为 1 天。浑河流域沈抚段丰、平、枯水年采用抚顺（二）站、沈阳（三）站丰、平、枯水年多年流量的平均值从 10 月 1 日到 4 月 30 日的实测流量、水位值对模型参数进行率定；采用抚顺（二）站及沈阳（三）站丰、平、枯水年多年平均值 5 月 1 日到 9 月 30 日的实测流量、水位值对模型进行验证。由统计知，枯水年出现的概率大于其他年型，故对枯水年率定及验证结果进行分析，枯水年率定及验证结果如图 8.1～图 8.4。

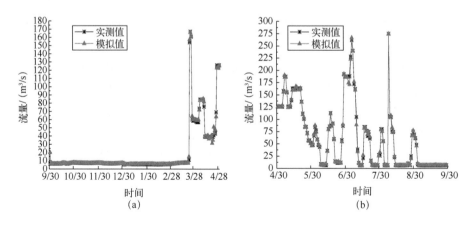

图 8.1　枯水年抚顺（二）站断面流量率定（a）、验证（b）图

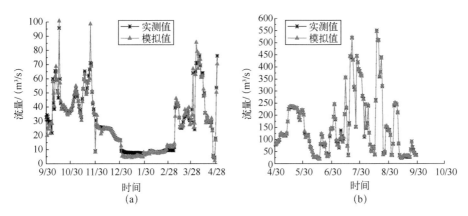

图 8.2　枯水年沈阳（三）站断面流量率定（a）、验证（b）图

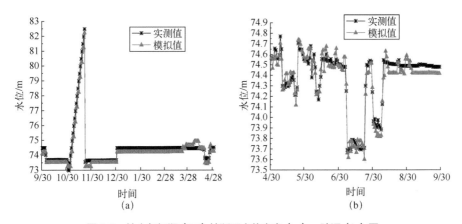

图 8.3　枯水年抚顺（二）站断面水位率定（a）、验证（b）图

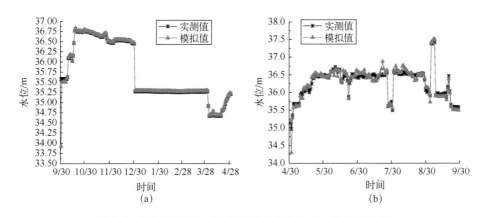

图 8.4　枯水年沈阳（三）站断面水位率定（a）、验证（b）图

由图 8.1～图 8.4 可知，枯水年抚顺（二）和沈阳（三）水文站的流量及水位模拟值与实测值基本吻合且趋势相同。虽然模型模拟出的流量、水位值与实测水文数据有一定的误差，但是满足《水文情报预报规范》（GB/T 22482—2008）中对模拟值与真实值之间的许可误差做出的规定，断面流量的相对误差以 5%为下限，断面水位的绝对误差在 10cm 以下。由此说明模型参数选取较合理，该模型满足实际工程对精度的要求，可用于浑河流域沈抚段枯水年的水力模拟。

（2）水质模型的率定与验证

在浑河沈抚段水动力模型基础上，添加水质参数以及水质边界条件，采用浑河沈抚段丰、平、枯水年水质多年平均值 10 月 1 日到 4 月 30 日的实测水质数据对模型参数进行率定，采用平、枯水年水质多年平均值 5 月 1 日到 9 月 30 日的实测水质数据对模型进行验证，设定和水动力模型相同的模拟时间段和时间步长。以高阳橡胶坝断面、下伯官拦河坝断面、王家湾橡胶坝断面、长青桥断面的实测COD 值及 NH₃-N 浓度作为率定及验证的依据，枯水年率定及验证结果如图 8.5～图 8.8。

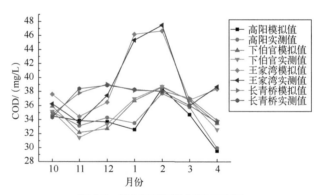

图 8.5 枯水年各断面 COD 率定图

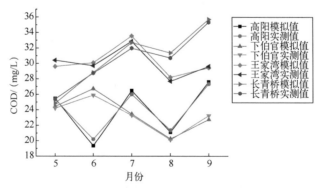

图 8.6 枯水年各断面 COD 验证图

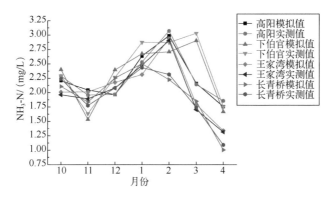

图 8.7 枯水年各断面 NH₃-N 率定图

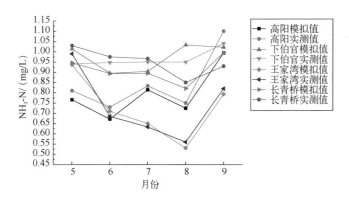

图 8.8 枯水年各断面 NH₃-N 验证图

从图 8.5～图 8.8 可以看出，浑河沈抚段枯水年水质模拟值与真实值的变化趋势相吻合，COD 的相对误差在 10%以下，NH₃-N 的相对误差也在 10%以下，根据《水文情报预报规范》（GB/T 22482—2008）中对断面水质模拟的要求，模拟值与真实值之间的相对误差要小于等于 10%，说明模型率定的结果符合要求，枯水年水质模型可用。

（3）水质水量耦合模型精度评价

对水质水量耦合模型进行精确度的评价，就是对模型计算值与真实值之间的误差进行计算和分析，关系到整个模型运行的可靠性及稳定性。采用抚顺（二）站、沈阳（三）站断面的各月平均流量、水位值进行精度的对比，用计算相对误差的方法对流量的模拟值与真实值进行对比分析，采用绝对误差的方法对水位进行精度分析；采用五个断面的各月污染物浓度平均值进行精度对比，将高阳橡胶

159

坝、王家湾橡胶坝、长青桥断面编号为1~3，采用相对误差的计算方法进行精度对比，选择枯水年水质水量耦合模型进行精度分析，具体结果见表8.2~表8.5。

表8.2 枯水年水文站流量精度对比

月份	抚顺（二）站			沈阳（三）站		
	模拟值/（m³/s）	实测值/（m³/s）	相对误差/%	模拟值/（m³/s）	实测值/（m³/s）	相对误差/%
1	5.84	5.89	−0.88	5.40	7.87	−31.44
2	5.92	5.80	2.02	8.35	8.46	−1.35
3	30.90	30.66	0.80	29.47	28.46	3.53
4	64.39	64.23	0.26	43.48	43.07	0.94
5	126.73	127.16	−0.34	172.29	171.63	0.38
6	54.23	54.00	0.42	72.56	72.49	0.09
7	81.63	82.73	−1.33	55.00	55.64	−1.15
8	40.06	39.83	0.57	102.98	103.42	−0.42
9	10.04	9.92	1.12	79.42	78.70	0.92
10	7.18	6.90	4.11	44.01	42.06	4.63
11	7.21	7.38	−2.25	48.54	48.32	0.46
12	6.69	6.99	−4.28	22.82	23.02	−0.85

表8.3 枯水年水文站水位精度对比

月份	抚顺（二）站			沈阳（三）站		
	模拟值/m	实测值/m	绝对误差/m	模拟值/m	实测值/m	绝对误差/m
1	74.41	74.47	−0.06	35.29	35.27	0.02
2	74.41	74.47	−0.06	35.28	35.26	0.02
3	74.43	74.48	−0.05	35.28	35.26	0.02
4	74.39	74.32	0.07	34.86	34.85	0.02
5	74.48	74.48	0.00	36.03	36.04	−0.01
6	74.50	74.49	0.01	36.48	36.47	0.01
7	74.05	74.06	−0.01	36.37	36.34	0.03
8	74.32	74.37	−0.05	36.52	36.49	0.03
9	74.43	74.49	−0.06	36.03	36.08	−0.05
10	73.73	73.80	−0.07	36.24	36.26	−0.02
11	76.33	76.34	−0.01	36.68	36.66	0.02
12	73.62	73.65	−0.03	36.52	36.51	0.02

表 8.4　枯水年断面 COD 浓度精度对比

断面	断面 1			断面 2			断面 3		
月份	模拟值 /（mg/L）	实测值 /（mg/L）	相对误差 /%	模拟值 /（mg/L）	实测值 /（mg/L）	相对误差 /%	模拟值 /（mg/L）	实测值 /（mg/L）	相对误差 /%
1	32.59	33.50	-2.73	46.17	45.34	1.84	38.14	38.27	-0.36
2	38.43	37.71	1.92	46.64	47.47	-1.74	38.07	37.97	0.26
3	34.74	35.80	-2.96	36.78	35.99	2.19	37.04	36.05	2.74
4	29.53	29.96	-1.42	38.34	38.67	-0.85	33.89	33.64	0.73
5	25.50	25.10	1.59	29.80	30.20	-1.32	25.30	25.40	-0.39
6	20.67	20.20	2.34	30.08	29.71	1.25	28.81	28.73	0.28
7	27.46	28.00	-1.91	33.55	32.87	2.09	32.69	31.97	2.26
8	22.22	22.35	-0.59	28.19	27.68	1.85	31.35	30.71	2.10
9	29.04	28.33	2.52	29.44	29.63	-0.65	35.70	35.33	1.05
10	34.50	35.09	-1.69	37.59	36.25	3.70	34.78	34.33	1.31
11	33.87	33.12	2.27	34.43	33.59	2.49	37.78	38.39	-1.59
12	33.68	34.28	-1.75	36.46	37.43	-2.58	39.01	38.87	0.38

表 8.5　枯水年断面 NH_3-N 浓度精度对比

断面	断面 1			断面 2			断面 3		
月份	模拟值 /（mg/L）	实测值 /（mg/L）	相对误差 /%	模拟值 /（mg/L）	实测值 /（mg/L）	相对误差 /%	模拟值 /（mg/L）	实测值 /（mg/L）	相对误差 /%
1	2.64	2.53	4.19	2.31	2.48	-6.58	2.50	2.43	2.79
2	2.99	3.07	-2.67	2.94	2.91	1.16	2.22	2.32	-3.89
3	2.16	2.14	0.83	1.79	1.70	5.31	1.85	1.74	6.26
4	1.76	1.86	-5.39	1.34	1.32	1.65	1.00	1.09	-7.92
5	0.77	0.81	-5.40	0.94	0.99	-5.39	0.95	1.03	-8.12
6	0.67	0.73	-8.02	0.71	0.69	3.64	0.89	0.98	-8.32
7	0.81	0.83	-2.30	0.65	0.63	2.69	0.90	0.97	-7.41
8	0.72	0.75	-3.37	0.53	0.56	-5.30	0.82	0.85	-3.42
9	0.99	1.10	-9.61	0.79	0.82	-3.26	0.99	0.93	6.98
10	2.21	2.29	-3.54	2.01	1.96	2.39	2.11	2.24	-5.98
11	2.04	1.96	4.50	2.01	1.89	6.37	1.83	1.77	3.49
12	1.96	1.97	-0.07	2.18	2.08	4.82	2.25	2.08	8.31

由表 8.2～表 8.5 可知，在水文站流量精度的计算中，抚顺（二）站平均流量最大相对误差为 4.28%，最小相对误差为 0.26%；沈阳（三）站最大相对误差为31.44%，最小相对误差为 0.09%。在水位精确度的计算中，抚顺（二）站最大绝对误差为 0.07m，最小绝对误差为 0.00m；沈阳（三）站最大绝对误差为 0.05m，最小绝对误差为 0.01m。在断面 COD 浓度的精确度计算中，高阳橡胶坝、王家湾橡胶坝、长青桥三个断面的 COD 与 NH_3-N 浓度实测值与模拟值的相对误差均值分别为 2.02%、1.99%、1.21% 和 4.16%、4.05%、5.87%。

通过以上数据可以看出，模型模拟值基本反映了河道断面的水位、流量值以及 COD、NH_3-N 的浓度变化。水位的平均绝对误差在 10cm 以下，流量的平均相对误差在 5% 以下，断面 COD、NH_3-N 浓度的平均相对误差在 10% 以下，说明率定、验证后的模型满足实际工程分析中的精确度要求。

8.1.2.3　Mike11 水质水量耦合模型模拟断面流量

模型中采用大伙房水库的逐日平均流量作为上边界条件，沈阳（三）水文站逐日水位值作为下边界条件，模拟的时间步长为 30s，模拟结果保存的时间间隔为1 天。采用抚顺（二）站、沈阳（三）站 10 月～次年 4 月的实测流量、水位值对模型参数进行率定；采用 5 月～9 月的实测流量、水位值对模型进行验证，获取各断面的模拟流量结果见图 8.9。

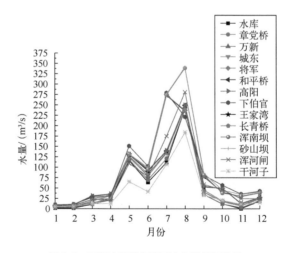

图 8.9　浑河沈抚段各断面多年流量平均值

8.2　生态需水量计算及影响因素分析

8.2.1　生态需水量计算

8.2.1.1　河流基本生态需水量

根据浑河沈抚段干流河道的实际情况以及相关天然径流资料，选取大伙房水库、章党桥、城东橡胶坝、万新橡胶坝、将军橡胶坝、和平桥、高阳橡胶坝、下伯官坝、干河子坝、王家湾橡胶坝、长青桥、浑南坝、砂山坝、浑河闸水文断面（编号 1～14）1945～2017 年的天然月均径流资料，采用月保证率法及 Tennant 法计算河道基本生态需水量，取二者的最大值作为最终浑河沈抚段的基本生态需水量，计算结果见表 8.6～表 8.8。

表 8.6　丰水年浑河沈抚段基本生态需水量　　　　　　　　　　单位：$10^8 m^3$

断面	1 月	2 月	3 月	4 月	5 月	6 月	7 月	8 月	9 月	10 月	11 月	12 月
1	0.00	0.00	0.00	0.00	0.36	0.00	0.00	3.47	0.23	0.06	0.00	0.16
2	0.02	0.02	0.04	0.04	0.42	0.07	0.80	3.46	0.27	0.06	0.03	0.18
3	0.02	0.02	0.03	0.05	0.41	0.09	0.76	3.44	0.27	0.10	0.04	0.18
4	0.02	0.02	0.03	0.05	0.42	0.08	1.39	3.44	0.24	0.10	0.04	0.18
5	0.04	0.04	0.03	0.07	0.42	1.47	3.51	0.30	0.11	0.05	0.17
6	0.04	0.03	0.06	0.07	0.42	0.22	1.47	3.54	0.28	0.15	0.05	0.16
7	0.05	0.05	0.06	0.07	0.42	0.23	1.49	3.52	0.33	0.15	0.06	0.16
8	0.00	0.00	0.00	0.00	0.41	1.30	3.91	0.25	0.14	0.00	0.12
9	0.02	0.02	0.01	0.02	0.15	0.09	0.70	3.71	0.13	0.05	0.00	0.06
10	0.01	0.00	0.00	0.00	0.37	0.17	1.31	3.95	0.17	0.13	0.01	0.13
11	0.01	0.00	0.00	0.00	0.36	0.30	1.34	3.92	0.16	0.12	0.01	0.13
12	0.02	0.02	0.01	0.00	0.41	0.35	1.33	3.99	0.23	0.18	0.06	0.13
13	0.01	0.02	0.00	0.00	0.42	0.35	1.37	4.00	0.22	0.17	0.07	0.13
14	0.02	0.02	0.01	0.02	0.15	0.09	1.70	1.71	0.13	0.25	0.02	0.06

表 8.7 平水年浑河沈抚段基本生态需水量 单位：10⁸m³

断面	1月	2月	3月	4月	5月	6月	7月	8月	9月	10月	11月	12月
1	0.00	0.00	0.00	0.00	0.31	0.41	0.01	1.11	0.00	0.00	0.00	0.00
2	0.01	0.00	0.00	0.01	0.36	0.42	0.93	1.11	0.00	0.00	0.00	0.00
3	0.02	0.02	0.03	0.05	0.43	0.49	0.90	1.15	0.03	0.03	0.03	0.03
4	0.02	0.02	0.03	0.05	0.42	0.48	0.90	1.15	0.03	0.06	0.03	0.03
5	0.03	0.02	0.03	0.05	0.42	0.49	0.91	1.15	0.04	0.06	0.04	0.04
6	0.03	0.03	0.06	0.06	0.41	0.56	0.93	1.17	0.09	0.07	0.05	0.04
7	0.04	0.03	0.06	0.06	0.41	0.57	0.93	1.17	0.09	0.07	0.05	0.04
8	0.06	0.05	0.06	0.07	0.46	0.61	0.93	1.17	0.11	0.08	0.06	0.04
9	0.02	0.02	0.01	0.02	0.18	0.24	0.94	1.06	0.04	0.08	0.02	0.05
10	0.02	0.03	0.00	0.04	0.41	0.43	1.13	1.35	0.08	0.09	0.00	0.06
11	0.03	0.03	0.00	0.04	0.39	0.41	1.13	1.35	0.10	0.18	0.00	0.06
12	0.03	0.03	0.00	0.04	0.40	0.55	1.14	1.36	0.10	0.09	0.00	0.10
13	0.06	0.06	0.01	0.06	0.41	0.62	1.16	1.40	0.13	0.10	0.00	0.02
14	0.06	0.06	0.00	0.05	0.39	0.61	1.13	1.41	0.12	0.03	0.03	0.04

表 8.8 枯水年浑河沈抚段基本生态需水量 单位：10⁸m³

断面	1月	2月	3月	4月	5月	6月	7月	8月	9月	10月	11月	12月
1	0.00	0.00	0.00	0.16	0.51	0.11	0.14	0.00	0.00	0.00	0.00	0.00
2	0.00	0.00	0.00	0.15	0.45	0.14	0.18	0.00	0.00	0.00	0.00	0.00
3	0.03	0.03	0.03	0.21	0.55	0.25	0.20	0.04	0.03	0.03	0.00	0.03
4	0.02	0.03	0.03	0.20	0.54	0.22	0.23	0.04	0.03	0.03	0.00	0.03
5	0.03	0.03	0.03	0.21	0.56	0.25	0.20	0.05	0.04	0.04	0.00	0.04
6	0.05	0.05	0.06	0.21	0.63	0.24	0.20	0.08	0.09	0.07	0.00	0.04
7	0.05	0.05	0.07	0.21	0.64	0.24	0.21	0.08	0.09	0.07	0.00	0.04
8	0.10	0.09	0.00	0.29	0.74	0.33	1.17	0.49	0.22	0.25	0.01	0.14
9	0.04	0.04	0.00	0.11	0.30	0.12	0.51	0.39	0.08	0.09	0.00	0.05
10	0.00	0.00	0.00	0.14	0.63	0.27	1.10	0.75	0.12	0.13	0.00	0.03
11	0.01	0.01	0.00	0.15	0.63	0.35	1.08	0.76	0.13	0.14	0.00	0.05
12	0.01	0.01	0.01	0.15	0.63	0.31	1.03	0.79	0.13	0.14	0.00	0.02
13	0.02	0.03	0.03	0.15	0.64	0.33	1.03	0.80	0.16	0.19	0.00	0.06
14	0.02	0.03	0.00	0.14	0.63	0.36	1.04	0.80	0.16	0.15	0.00	0.07

由表 8.6～表 8.8 可知，河流基本生态需水量随年型变化而有所改变，丰水年的基本生态需水量＞平水年的基本生态需水量＞枯水年的基本生态需水量，主要因为丰水年水量大于其他年型，丰水年的基本生态需水量约为平水年基本生态需水量的 1.74 倍，约为枯水年基本生态需水量的 2.58 倍。河流基本生态需水量随季节变化有所不同，因为汛期的水量大，故基本生态需水量也随之增加，10 月～次年 4 月生态需水量约为 5～9 月生态需水量的 10.46 倍，汛期基本生态需水量约占年基本生态需水量的 89.57%。

8.2.1.2 河流自净生态需水量

浑河沈抚段接纳了沈阳及抚顺排放的生活污水及污染物，河流水质污染严重，但河流本身具有一定的自净能力，自净系数是水体自净能力的直接体现。当向水体排放的污染物未超过一定限度时，自净系数主要与温度、河道比降及水流速度等因素有关。一般情况下，温度越高，自净系数越大，河流自净能力越强。经计算研究区域自净系数 K 值见表 8.9。

表 8.9　研究区域自净系数 K 值

月份	10	11	12	1	2	3	4
K 值	0.13	0.07	0.04	0.04	0.05	0.06	0.13

月份	5	6	7	8
K 值	0.26	0.28	0.28	0.29

由于研究区域支流水质污染较为严重，故在计算过程中将支流与干流交汇处作为排污口处理，选择 COD 为污染物代表指标，分别计算丰水年、平水年及枯水年各个年型下排污口及支流计算现状、排污口关闭支流现状、支流为劣 V 类水、支流为 V 类水、支流为 IV 类水的自净生态需水量，各河段支流及排污口污水流量及 COD 浓度年均值见表 8.10。

表 8.10　各河段支流与排污口污水流量及 COD 浓度年均值

月份		1	2	3	4	5	6	7	8	9	10	11	12
1#支流	COD浓度	67.65	67.98	67.65	62.65	52.98	57.65	62.65	62.65	57.65	55.74	67.98	71.32
	污水流量	3.94	4.17	7.45	7.85	8.62	11.70	17.74	6.61	5.32	5.77	6.74	6.48

续表

月份		1	2	3	4	5	6	7	8	9	10	11	12
2#支流	COD浓度	68.05	68.38	63.05	58.05	48.38	53.05	55.05	53.05	58.05	51.14	63.38	66.72
	污水流量	3.79	3.65	3.69	4.02	3.65	6.88	5.61	4.67	5.35	4.22	3.66	3.45
3#支流	COD浓度	65.78	63.11	62.78	57.78	48.11	47.78	48.78	47.78	45.78	50.87	63.11	67.45
	污水流量	2.50	2.48	3.03	3.07	3.08	3.17	3.26	3.05	3.02	3.08	3.09	3.07
4#支流	COD浓度	64.79	63.12	62.79	57.79	48.12	47.79	46.79	47.79	48.79	50.38	63.12	66.46
	污水流量	2.50	2.47	3.17	3.19	3.20	3.36	3.55	3.17	3.14	3.19	3.23	3.20
5#支流	COD浓度	50.38	49.08	46.48	49.38	34.55	35.68	39.88	38.88	41.22	42.60	54.48	62.38
	污水流量	3.26	3.80	5.78	3.28	4.03	5.51	3.36	3.18	5.69	29.52	3.53	2.68
6#支流	COD浓度	60.35	51.35	44.62	46.73	37.02	39.68	43.00	39.35	43.12	48.01	54.83	59.35
	污水流量	2.61	2.61	2.56	2.58	2.58	2.67	2.60	2.53	2.53	2.54	2.53	2.53
6#排污口	COD浓度	95.54	89.87	86.54	91.54	86.87	81.54	84.54	86.54	87.21	88.63	94.87	95.21
	污水流量	1.30	1.30	1.30	1.30	1.30	1.30	1.30	1.30	1.30	1.30	1.30	1.30
7#支流	COD浓度	119.0	104.3	99.0	101.0	92.0	99.0	94.0	91.3	94.3	120.0	119.3	124.0
	污水流量	2.18	2.18	2.18	2.18	2.18	2.18	2.18	2.18	2.18	2.18	2.18	2.18
7#排污口	COD浓度	78.98	70.07	59.60	55.65	56.32	56.65	58.65	54.90	55.98	59.52	81.03	83.98
	污水流量	2.66	2.66	2.66	2.66	2.66	2.66	2.66	2.66	2.66	2.66	2.66	2.66
8#支流	COD浓度	122.5	117.8	102.5	103.5	100.5	102.5	97.5	99.8	102.8	125.8	127.8	132.5
	污水流量	3.83	3.87	3.97	4.00	4.10	4.16	4.14	4.00	3.92	4.00	3.92	3.70

月份		1	2	3	4	5	6	7	8	9	10	11	12
9#支流	COD浓度	21.66	21.66	21.66	21.66	21.66	21.66	21.66	21.66	21.66	21.66	21.66	21.66
	污水流量	3.87	3.95	5.47	6.16	6.17	6.69	6.79	6.77	6.22	5.24	3.82	3.64
10#支流	COD浓度	58.70	47.40	44.80	47.70	42.87	39.00	37.20	36.70	38.54	40.92	52.80	60.70
	污水流量	1.59	1.59	1.59	1.59	1.59	1.59	1.59	1.59	1.59	1.59	1.59	1.59
11#排污口	COD浓度	69.02	67.35	57.58	54.68	51.02	53.07	57.58	48.60	53.68	59.29	67.35	71.30
	污水流量	1.48	1.48	1.48	1.48	1.48	1.48	1.48	1.48	1.48	1.48	1.48	1.48
12#支流	COD浓度	59.10	59.10	59.10	59.10	59.10	59.10	59.10	59.10	59.10	59.10	59.10	59.10
	污水流量	5.25	5.82	8.39	5.42	3.35	7.59	5.06	6.10	8.32	9.32	6.89	3.50
13#支流	COD浓度	59.07	47.77	45.17	48.07	43.24	39.37	37.57	37.07	38.91	39.37	53.17	61.07
	污水流量	2.16	2.16	2.05	2.08	2.09	2.31	2.13	1.98	1.98	2.01	2.00	2.00

注：表中污水流量单位为 m^3/s，COD 浓度单位为 mg/L。

由表 8.10 可知支流及排污口的水质较差，除 9#支流外剩余支流均处于劣Ⅴ类水的现状，8#支流 COD 浓度高达 132.5mg/L。各区域 COD 浓度随季节变化，枯水期及平水期 COD 明显高于丰水期，最高为 12 月～次年 2 月，最低 COD 出现在 5～8 月，主要是因为温度回升，水量增加，水体的自我调节能力随之提高。

采用一维水质模型法计算浑河沈抚段三种年型（丰水年、平水年、枯水年）现状自净生态需水量、关闭排污口支流现状的自净生态需水量以及关闭排污口支流达Ⅴ类水的自净生态需水量共 12 种情况的自净生态需水量，为更加简洁地显示计算结果，呈现结果依次为丰、平、枯水年 3 种浑河沈抚段自净生态需水量，见表 8.11～表 8.13。

表 8.11 丰水年浑河沈抚段自净生态需水量　　　　　　　　　　单位：$10^8 m^3$

区段	1 月	2 月	3 月	4 月	5 月	6 月	7 月	8 月	9 月	10 月	11 月	12 月
1#	0.12	0.13	0.37	0.72	1.26	0.75	1.30	0.45	0.16	0.19	0.27	0.24

区段	1月	2月	3月	4月	5月	6月	7月	8月	9月	10月	11月	12月
2#	0.20	0.19	0.47	0.83	1.30	0.94	1.43	0.51	0.28	0.25	0.32	0.29
3#	0.19	0.19	0.48	0.83	1.30	0.93	1.40	0.52	0.27	0.26	0.35	0.32
4#	0.19	0.17	0.57	0.92	1.41	1.01	1.46	0.57	0.29	0.30	0.37	0.35
5#	0.22	0.22	0.74	0.91	1.35	0.99	1.43	0.50	0.34	0.79	0.40	0.34
6#	0.23	0.24	0.74	0.92	1.36	1.00	1.43	0.48	0.34	0.78	0.40	0.37
7#	0.26	0.26	0.76	0.94	1.31	0.98	1.36	0.82	0.36	0.99	0.43	0.39
8#	0.31	0.33	0.85	1.03	1.40	1.06	1.39	0.59	0.44	1.07	0.52	0.46
9#	0.32	0.36	0.89	1.09	1.42	1.09	1.33	0.75	0.48	1.09	0.52	0.46
10#	0.33	0.36	0.90	1.10	1.42	1.09	1.34	0.76	0.49	1.08	0.53	0.48
11#	0.13	0.15	0.35	0.68	0.88	0.57	1.08	0.79	0.31	0.54	0.30	0.35
12#	0.34	0.31	0.62	1.04	1.39	1.15	1.36	0.80	0.58	1.03	0.63	0.49
13#	0.36	0.34	0.67	1.09	1.44	1.19	1.41	0.80	0.61	1.11	0.66	0.51

表8.12 平水年浑河沈抚段自净生态需水量　　　单位：$10^8 \mathrm{m}^3$

区段	1月	2月	3月	4月	5月	6月	7月	8月	9月	10月	11月	12月
1#	0.12	0.13	0.40	0.79	1.25	0.75	1.32	0.47	0.17	0.20	0.28	0.25
2#	0.21	0.20	0.53	0.87	1.33	0.98	1.46	0.56	0.30	0.26	0.34	0.31
3#	0.20	0.20	0.51	0.88	1.30	0.97	1.44	0.55	0.31	0.29	0.36	0.34
4#	0.20	0.19	0.65	0.88	1.43	1.00	1.51	0.59	0.29	0.29	0.39	0.37
5#	0.23	0.24	0.77	0.94	1.38	1.03	1.48	0.52	0.36	0.71	0.42	0.38
6#	0.24	0.25	0.77	0.94	1.38	1.04	1.48	0.53	0.37	0.85	0.43	0.39
7#	0.26	0.27	0.79	0.96	1.34	1.02	1.41	0.89	0.39	1.07	0.45	0.41
8#	0.34	0.35	0.89	1.06	1.42	1.11	1.44	0.62	0.47	1.15	0.54	0.48
9#	0.36	0.38	0.93	1.12	1.45	1.14	1.38	0.75	0.51	1.17	0.56	0.50
10#	0.36	0.38	0.94	1.13	1.46	1.14	1.39	0.76	0.52	1.16	0.56	0.50
11#	0.18	0.18	0.39	0.73	0.90	0.59	1.10	0.79	0.27	0.57	0.29	0.27
12#	0.40	0.35	0.68	1.08	1.43	0.94	1.42	0.81	0.49	1.00	0.52	0.51
13#	0.43	0.37	0.73	1.12	1.48	0.99	1.46	0.83	0.54	1.05	0.61	0.54

表 8.13 枯水年浑河沈抚段自净生态需水量   单位：$10^8 m^3$

区段	1月	2月	3月	4月	5月	6月	7月	8月	9月	10月	11月	12月
1#	0.13	0.14	0.43	0.82	1.34	0.83	1.29	0.48	0.18	0.21	0.29	0.26
2#	0.21	0.21	0.55	0.89	1.39	0.94	1.48	0.57	0.31	0.27	0.35	0.31
3#	0.21	0.21	0.55	0.89	1.38	1.04	1.44	0.58	0.30	0.28	0.36	0.33
4#	0.20	0.20	0.64	0.96	1.44	1.06	1.55	0.59	0.32	0.29	0.40	0.38
5#	0.24	0.24	0.75	0.95	1.39	1.06	1.51	0.53	0.38	1.10	0.43	0.39
6#	0.24	0.26	0.79	0.96	1.39	1.07	1.51	0.54	0.39	1.11	0.45	0.40
7#	0.27	0.28	0.81	0.97	1.36	1.04	1.44	0.89	0.41	1.11	0.47	0.42
8#	0.35	0.37	0.91	1.08	1.45	1.14	1.47	0.63	0.46	1.20	0.56	0.50
9#	0.38	0.40	0.96	1.15	1.47	1.17	1.42	0.75	0.53	1.22	0.57	0.51
10#	0.38	0.40	0.96	1.15	1.48	1.17	1.42	0.60	0.53	1.22	0.58	0.52
11#	0.17	0.18	0.44	0.50	0.91	0.60	1.12	0.79	0.41	0.60	0.45	0.33
12#	0.41	0.38	0.76	0.79	1.45	1.22	1.45	0.84	0.64	1.06	0.72	0.53
13#	0.45	0.40	0.82	0.83	1.51	1.27	1.50	0.85	0.67	1.11	0.74	0.56

由表 8.11～表 8.13 可知，枯水年自净生态需水量＞平水年自净生态需水量＞丰水年自净生态需水量，枯水年自净生态需水量为平水年及丰水年的 1.04 倍和 1.07 倍。这主要是因为枯水年的水量为三种年型中最低的水量，河流的纳污能力低于其余两个年型河流的纳污能力。对于不同断面，自净生态需水量变化幅度较小，从上游到下游总体上呈逐渐增加的趋势。自净生态需水量随季节变化而有所变化，对于同一断面，7 月份的自净生态需水量最大，2 月份的自净生态需水量最小。对比月平均流量可知，浑河流域沈抚段汛期流量均可满足近期污染程度下三种年型汛期自净生态需水量，但非汛期的水量远不能满足现阶段自净生态需水量，故需要人为参与调控。

8.2.1.3 河流蒸发生态需水量

在计算水面蒸发需水量时要考虑到水面蒸发折减系数，由于水面蒸发量是由 $\phi 20cm$ 口径的小型蒸发皿得到，其折减系数在 0.60～0.81 之间，故选取 0.7 作为计算水面蒸发的折减系数。

降雨量与蒸发量采用以《辽河流域水文资料（第 3 册）：浑河、太子河系》1945～2017 年沈阳（三）站长期日水文观测数据为基础，取丰、平、枯各年型沈阳（三）站多年平均值作为研究区域降雨量与蒸发量。

利用 Arcgis 对研究区域枯水期（11 月～次年 3 月）、平水期（4 月、5 月、9 月、10 月）和丰水期（6～8 月）的遥感影像进行分析，确定各个区间段不同水期的水面平均面积，见表 8.14～表 8.16。

表 8.14　丰水年各水期水面面积　　　　　　　单位：m²

水期	1#	2#	3#	4#	5#	6#	7#
丰水期	956201	44968597	18981459	51232622	66132929	9835384	53271571
平水期	701890	44471482	18484089	50881517	65627592	9167083	53017965
枯水期	479857	44315045	18262056	50655984	65405559	8888494	52861528

水期	8#	9#	10#	11#	12#	13#	
丰水期	34279261	44377778	18288210	88837642	27771621	32793717	
平水期	33785051	43880428	17936203	88332265	27102821	32547932	
枯水期	33563018	43625812	17710670	88150232	26946386	32322399	

表 8.15　平水年各水期水面面积　　　　　　　单位：m²

水期	1#	2#	3#	4#	5#	6#	7#
丰水期	936106	44948491	18965749	51208923	66170325	9690033	53317017
平水期	681690	44451282	18467389	50857817	65663948	9024731	53063361
枯水期	459657	44294845	18241856	50635784	65385359	8868294	52841328

水期	8#	9#	10#	11#	12#	13#	
丰水期	34319119	44358568	18305796	88860942	27807010	32649278	
平水期	33821407	43860228	17953627	88355565	27138210	32527732	
枯水期	33542818	43605612	17690470	88130032	26926186	32302199	

表 8.16　枯水年各水期水面面积　　　　　　　单位：m²

水期	1#	2#	3#	4#	5#	6#	7#
丰水期	780991	44966884	18917171	51098231	66072369	9768883	53151557
平水期	526475	44469572	18417691	50746022	65564692	9100883	52907044
枯水期	413357	44248545	18195556	50589484	65339059	8821994	52795028

水期	8#	9#	10#	11#	12#	13#	
丰水期	34165257	44269913	18141842	88812936	27818435	32925858	
平水期	33707938	43780441	17799734	88307263	27151756	32458696	
枯水期	33496518	43559312	17644170	88083732	26879886	32255899	

由表 8.14～表 8.16 可知，同一断面不同年型的水面面积，丰水年＞平水年＞枯水年；同一段面不同水期的水面面积，丰水期＞平水期＞枯水期。11#断面平水年丰水期的水面面积最大，为 88860942m²，1#断面枯水年枯水期的水面面积最小，为 413357m²。

采用水面面积法计算三种年型浑河沈抚段蒸发生态需水量，具体计算结果见表 8.17～表 8.19。

表 8.17　丰水年浑河沈抚段蒸发生态需水量　　　　　单位：10⁶m³

区段	1 月	2 月	3 月	4 月	5 月	6 月	7 月	8 月	9 月	10 月	11 月	12 月
1#	0.02	0.09	0.17	0.44	0.51	0.21	0.00	0.00	0.10	0.13	0.04	0.02
2#	0.14	0.54	1.11	2.84	3.28	1.36	0.00	0.00	0.63	0.84	0.25	0.11
3#	0.04	0.18	0.37	0.95	1.10	0.45	0.00	0.00	0.21	0.28	0.09	0.04
4#	0.04	0.15	0.31	0.79	0.91	0.38	0.00	0.00	0.17	0.23	0.07	0.03
5#	0.15	0.58	1.20	3.08	3.56	1.47	0.00	0.00	0.68	0.91	0.28	0.12
6#	0.07	0.29	0.58	1.50	1.73	0.71	0.00	0.00	0.33	0.44	0.14	0.06
7#	0.08	0.30	0.60	1.56	1.80	0.75	0.00	0.00	0.35	0.46	0.14	0.06
8#	0.05	0.21	0.42	1.07	1.24	0.51	0.00	0.00	0.24	0.32	0.10	0.04
9#	0.17	0.68	1.39	3.57	4.13	1.70	0.00	0.00	0.79	1.06	0.32	0.14
10#	0.04	0.18	0.38	0.98	1.13	0.46	0.00	0.00	0.22	0.29	0.09	0.04
11#	0.05	0.21	0.43	1.10	1.27	0.52	0.00	0.00	0.24	0.32	0.10	0.04
12#	0.08	0.33	0.67	1.72	1.99	0.82	0.00	0.00	0.38	0.51	0.15	0.07
13#	0.12	0.48	0.98	2.51	2.90	1.19	0.00	0.00	0.55	0.74	0.22	0.10

表 8.18　平水年浑河沈抚段蒸发生态需水量　　　　　单位：10⁶m³

区段	1 月	2 月	3 月	4 月	5 月	6 月	7 月	8 月	9 月	10 月	11 月	12 月
1#	0.04	0.17	0.34	0.87	1.01	0.41	0.00	0.00	0.19	0.25	0.07	0.03
2#	0.27	1.06	2.17	5.57	6.44	2.66	0.00	0.00	1.23	1.65	0.50	0.22
3#	0.08	0.35	0.72	1.87	2.15	0.89	0.00	0.00	0.81	0.55	0.17	0.07
4#	0.07	0.30	0.60	1.55	1.79	0.74	0.00	0.00	0.34	0.46	0.14	0.06
5#	0.29	1.14	2.35	6.04	7.00	2.88	0.00	0.00	1.34	1.79	0.54	0.23
6#	0.14	0.56	1.14	2.94	3.40	1.40	0.00	0.00	0.65	0.87	0.27	0.12
7#	0.15	0.58	1.19	3.05	3.54	1.46	0.00	0.00	0.68	0.90	0.28	0.12

区段	1月	2月	3月	4月	5月	6月	7月	8月	9月	10月	11月	12月
8#	0.10	0.40	0.82	2.10	2.43	1.00	0.00	0.00	0.47	0.63	0.19	0.08
9#	0.33	1.33	2.72	7.01	8.11	3.34	0.00	0.00	1.55	2.08	0.63	0.28
10#	0.08	0.36	0.74	1.92	2.22	0.91	0.00	0.00	0.42	0.57	0.17	0.07
11#	0.11	0.41	0.84	2.16	2.50	1.03	0.00	0.00	0.48	0.84	0.19	0.08
12#	0.16	0.65	1.31	3.38	3.91	1.61	0.00	0.00	0.74	1.01	0.30	0.14
13#	0.23	0.93	1.92	4.92	5.69	2.34	0.00	0.00	1.08	1.45	0.43	0.19

表8.19 枯水年浑河沈抚段蒸发生态需水量　　　　　单位：$10^6 m^3$

区段	1月	2月	3月	4月	5月	6月	7月	8月	9月	10月	11月	12月
1#	0.04	0.16	0.32	0.82	0.95	0.39	0.00	0.00	0.18	0.24	0.07	0.03
2#	0.25	1.00	2.05	5.25	6.08	2.51	0.00	0.00	1.16	1.56	0.47	0.21
3#	0.08	0.33	0.68	1.76	2.03	0.84	0.00	0.00	0.39	0.52	0.16	0.07
4#	0.07	0.28	0.57	1.46	1.69	0.70	0.00	0.00	0.32	0.43	0.13	0.06
5#	0.27	1.08	2.22	5.70	6.60	2.72	0.00	0.00	1.26	1.69	0.51	0.22
6#	0.13	0.53	1.08	2.77	3.21	1.32	0.00	0.00	0.61	0.82	0.25	0.11
7#	0.14	0.55	1.12	2.88	3.34	1.38	0.00	0.00	0.64	0.85	0.26	0.11
8#	0.09	0.38	0.77	1.98	2.29	0.94	0.00	0.00	0.44	0.59	0.18	0.08
9#	0.31	1.25	2.57	6.61	7.65	3.15	0.00	0.00	1.46	1.96	0.59	0.26
10#	0.08	0.34	0.70	1.81	2.09	0.86	0.00	0.00	0.40	0.54	0.16	0.07
11#	0.10	0.39	0.79	2.04	2.36	0.97	0.00	0.00	0.45	0.60	0.18	0.08
12#	0.15	0.61	1.24	3.19	3.69	1.52	0.00	0.00	0.70	0.95	0.28	0.13
13#	0.22	0.88	1.81	4.64	5.37	2.21	0.00	0.00	1.02	1.37	0.41	0.18

由表8.17～表8.19可知，水面蒸发量随降雨量、蒸发量及水面面积3个因素有关，三种年型中7、8月份的降雨量大于蒸发量，故蒸发需水量为零，不需要外来补给。丰水年蒸发量＜平水年蒸发量＜枯水年的蒸发量，主要是因为枯水年的降雨量较小，蒸发量较大导致。非汛期的蒸发量较汛期的蒸发量略大，非汛期为汛期蒸发量的1.19倍。

8.2.1.4　河道渗漏生态需水量

大伙房-浑河闸计算河段的长度见表8.20。

表 8.20 大伙房–浑河闸计算河段的长度

区段	1#	2#	3#	4#	5#	6#	7#
区段长度/km	0.03	3.21	1.32	3.67	4.74	0.64	3.83
区段	8#	9#	10#	11#	12#	13#	
区段长度/km	2.43	3.16	1.28	6.39	1.95	2.34	

根据研究区域河床河岸性质及区间段起始断面流量，计算各区间段每月单位河长损失量，多年平均单位河长损失量见表 8.21。

表 8.21 多年平均浑河沈抚段流域河道单位河长损失量 单位：m³/m

河段	1 月	2 月	3 月	4 月	5 月	6 月	7 月	8 月	9 月	10 月	11 月	12 月
1#	0.002	0.002	0.007	0.010	0.030	0.020	0.027	0.039	0.011	0.005	0.001	0.006
2#	0.002	0.001	0.003	0.005	0.013	0.009	0.013	0.017	0.005	0.003	0.002	0.004
3#	0.004	0.004	0.010	0.013	0.036	0.026	0.035	0.047	0.015	0.009	0.005	0.011
4#	0.006	0.006	0.015	0.018	0.047	0.034	0.046	0.061	0.021	0.012	0.008	0.014
5#	0.001	0.001	0.002	0.003	0.007	0.005	0.006	0.008	0.003	0.003	0.001	0.002
6#	0.007	0.007	0.015	0.015	0.038	0.030	0.038	0.050	0.019	0.020	0.008	0.012
7#	0.004	0.004	0.008	0.008	0.027	0.020	0.038	0.049	0.017	0.014	0.009	0.011
8#	0.002	0.003	0.006	0.009	0.031	0.025	0.049	0.067	0.022	0.014	0.011	0.013
9#	0.001	0.001	0.002	0.004	0.013	0.010	0.020	0.027	0.009	0.005	0.004	0.006
10#	0.007	0.008	0.015	0.019	0.064	0.051	0.099	0.136	0.045	0.027	0.023	0.027
11#	0.003	0.003	0.006	0.006	0.019	0.016	0.030	0.042	0.014	0.009	0.008	0.009
12#	0.003	0.003	0.007	0.007	0.020	0.016	0.027	0.038	0.013	0.011	0.007	0.008
13#	0.004	0.004	0.006	0.006	0.020	0.014	0.026	0.037	0.012	0.009	0.006	0.007

由表 8.21 可知，渗漏需水量主要受区间段起始断面流量控制，丰水年水量大，故起始断面流量较大；同一段面单位河长损失量，丰水年＞平水年＞枯水年。年内变化，5～8 月份即汛期的起始断面流量较大，单位河长损失量较大，导致河道渗漏需水量较高，占全年总量的 60% 左右，其余月份河道渗漏需水量较低。总体来说，研究区域渗漏需水量很小，说明浑河河道附近的地下水相对较丰富。

浑河流域沈抚段区域为典型季节性河流，丰水期水量大，枯水期水量小，甚至会出现近似断流现象，河流水量变化大。因此，河道水位高于沿岸地下水位，导致河水会由于重力逐渐向地下水渗漏，渗漏生态需水量是河道外生态需水量的一个重要组成部分，浑河沈抚段丰、平、枯三种年型的渗漏生态需水量见表8.22～表8.24。

表8.22　丰水年浑河沈抚段渗漏生态需水量　　　　　　单位：10⁸m³

区段	1月	2月	3月	4月	5月	6月	7月	8月	9月	10月	11月	12月
1#	0.00	0.00	0.00	0.00	0.00	0.00	0.01	0.01	0.00	0.00	0.00	0.00
2#	0.00	0.00	0.00	0.01	0.03	0.02	0.05	0.10	0.03	0.01	0.00	0.02
3#	0.00	0.00	0.00	0.01	0.01	0.02	0.04	0.01	0.01	0.00	0.01	0.01
4#	0.00	0.00	0.01	0.01	0.03	0.03	0.06	0.11	0.03	0.02	0.01	0.02
5#	0.01	0.01	0.01	0.01	0.04	0.04	0.08	0.14	0.04	0.02	0.01	0.03
6#	0.00	0.00	0.00	0.00	0.01	0.01	0.01	0.02	0.01	0.00	0.00	0.00
7#	0.01	0.01	0.01	0.01	0.04	0.03	0.06	0.11	0.04	0.03	0.01	0.02
8#	0.00	0.00	0.00	0.00	0.02	0.02	0.05	0.08	0.02	0.02	0.01	0.02
9#	0.00	0.00	0.00	0.00	0.03	0.03	0.07	0.11	0.03	0.02	0.01	0.02
10#	0.00	0.00	0.00	0.00	0.01	0.01	0.03	0.04	0.01	0.01	0.00	0.01
11#	0.01	0.01	0.01	0.01	0.06	0.05	0.14	0.22	0.06	0.04	0.03	0.04
12#	0.00	0.00	0.01	0.01	0.02	0.02	0.04	0.07	0.02	0.01	0.01	0.01
13#	0.00	0.00	0.00	0.00	0.01	0.01	0.02	0.04	0.01	0.01	0.00	0.01

表8.23　平水年浑河沈抚段渗漏生态需水量　　　　　　单位：10⁸m³

区段	1月	2月	3月	4月	5月	6月	7月	8月	9月	10月	11月	12月
1#	0.00	0.00	0.00	0.00	0.00	0.00	0.00	0.00	0.00	0.00	0.00	0.00
2#	0.00	0.00	0.02	0.02	0.04	0.03	0.02	0.02	0.01	0.01	0.00	0.00
3#	0.00	0.00	0.01	0.01	0.02	0.02	0.01	0.01	0.01	0.01	0.00	0.00
4#	0.00	0.00	0.02	0.02	0.05	0.04	0.03	0.02	0.02	0.02	0.01	0.00
5#	0.00	0.00	0.02	0.02	0.06	0.05	0.03	0.03	0.02	0.02	0.01	0.01
6#	0.00	0.00	0.01	0.01	0.02	0.02	0.01	0.01	0.01	0.01	0.00	0.00
7#	0.01	0.01	0.02	0.02	0.05	0.05	0.03	0.03	0.03	0.03	0.01	0.01
8#	0.00	0.00	0.02	0.02	0.04	0.03	0.02	0.02	0.02	0.02	0.01	0.00
9#	0.01	0.01	0.02	0.02	0.04	0.04	0.03	0.04	0.02	0.02	0.01	0.01
10#	0.00	0.00	0.01	0.02	0.02	0.02	0.02	0.02	0.02	0.04	0.00	0.00
11#	0.01	0.01	0.02	0.02	0.07	0.04	0.05	0.07	0.04	0.02	0.01	0.01
12#	0.00	0.00	0.02	0.02	0.03	0.03	0.02	0.09	0.02	0.02	0.00	0.00
13#	0.00	0.00	0.02	0.02	0.03	0.03	0.02	0.06	0.02	0.02	0.01	0.01

表 8.24　枯水年浑河沈抚段渗漏生态需水量　　　　单位：$10^8 m^3$

区段	1 月	2 月	3 月	4 月	5 月	6 月	7 月	8 月	9 月	10 月	11 月	12 月
1#	0.00	0.00	0.00	0.00	0.00	0.00	0.00	0.00	0.00	0.00	0.00	0.00
2#	0.00	0.00	0.01	0.02	0.03	0.01	0.02	0.01	0.00	0.00	0.00	0.00
3#	0.00	0.00	0.01	0.01	0.01	0.01	0.01	0.01	0.00	0.00	0.00	0.00
4#	0.00	0.00	0.01	0.02	0.04	0.02	0.03	0.02	0.01	0.01	0.01	0.00
5#	0.01	0.01	0.02	0.03	0.05	0.03	0.03	0.02	0.01	0.01	0.01	0.01
6#	0.01	0.01	0.02	0.02	0.04	0.02	0.03	0.02	0.01	0.02	0.01	0.01
7#	0.01	0.01	0.02	0.02	0.04	0.02	0.03	0.02	0.01	0.02	0.01	0.01
8#	0.01	0.01	0.01	0.02	0.03	0.02	0.05	0.05	0.02	0.01	0.01	0.01
9#	0.00	0.00	0.01	0.01	0.04	0.02	0.06	0.07	0.02	0.01	0.02	0.01
10#	0.00	0.00	0.01	0.01	0.04	0.02	0.02	0.03	0.01	0.01	0.01	0.00
11#	0.00	0.01	0.02	0.03	0.08	0.04	0.12	0.13	0.04	0.03	0.03	0.02
12#	0.00	0.00	0.01	0.01	0.04	0.01	0.04	0.04	0.01	0.01	0.01	0.01
13#	0.00	0.00	0.01	0.01	0.03	0.02	0.04	0.05	0.01	0.01	0.01	0.01

由表 8.22～表 8.24 可知，区间段起始断面流量是影响渗漏生态需水量主要因素之一，5～8 月起始断面流量较大，单位河长损失量较大，导致河道渗漏生态需水量较高，占全年总量的 60% 左右，其余月份河道渗漏生态需水量较低。丰水年的渗漏生态需水量大于平水年的渗漏生态需水量大于枯水年的渗漏生态需水量。总体来说，研究区域渗漏生态需水量很小，说明浑河河道附近的地下水相对较丰富。

8.2.1.5　河流岸边植被生长需水量

岸边植被生态需水指为维持河道及周边植被生态系统稳定所需的水量，流域的水循环过程影响着植被生态需水量，植被面积和植被蒸发量是影响植被生态需水最重要的两个因子，因此可通过计算植被的蒸发耗水量确定植被的生态需水量。

由 1979～2018 年的日气象资料（表 8.25）得到研究区域多年最高、最低气温及天文辐射日总量。

表 8.25　浑河沈抚段多年平均气象资料

月份	1	2	3	4	5	6	7	8	9	10	11	12
T_{max}/℃	−8.36	−3.24	6.24	14.82	24.17	27.02	29.82	28.00	23.49	14.45	2.66	−6.97
T_{min}/℃	−17.07	−12.98	−3.37	3.83	10.71	15.16	18.77	16.79	10.81	3.65	−5.31	−14.25
R_a/[MJ/ $(m^2 \cdot d)$]	10.52	14.55	21.70	23.42	32.47	30.09	25.95	26.26	23.48	17.56	10.55	8.35

根据 Hargreaves 法对流域内 40 年（1993～2012 年）温度等一系列气象资料进行分析计算，求得浑河沈抚段流域植被蒸散能力 ET_0，见表 8.26。

表 8.26　浑河沈抚段流域植被蒸散能力 ET_0　　　　单位：mm/d

月份	1	2	3	4	5	6	7	8	9	10	11	12
ET_0	0.15	0.41	1.22	1.98	3.94	3.78	3.41	3.32	2.74	1.45	0.46	0.15

采用以《辽河流域水文资料（第 3 册）：浑河、太子河系》1955～2014 年沈阳（三）站 60 年日水文观测数据为基础，取丰、平、枯各年型沈阳（三）站多年平均值作为研究区域丰、平、枯各年型降雨量，见表 8.27。

表 8.27　丰、平、枯水年多年平均降雨量　　　　单位：mm

月份	1	2	3	4	5	6	7	8	9	10	11	12
丰水年	8.76	10.70	14.19	44.33	77.65	125.9	237.3	249.6	71.87	25.02	22.93	10.18
平水年	8.60	7.33	26.70	20.13	58.73	72.70	182.5	194.6	57.63	61.90	15.70	4.30
枯水年	7.84	7.60	15.13	35.00	47.94	98.83	187.2	134.0	57.81	41.82	18.96	15.00

由表 8.27 可知，降雨量年际变化较大，丰水年降雨量为平水年降雨量的 1.26 倍，是枯水年降雨量的 1.35 倍。降水量随季节变化而变化，浑河沈抚段作为典型的北方河流，1 月份的降水量最少，为 8.4mm，随着气温升高，径流量逐渐增大，降雨也随之增加，5～8 月份的降水量较多，约占全年的 73.23%，随着天气转凉，进入枯水期后降雨量随之减少。

利用傅抱璞公式对植被蒸散能力及流域内 60 年（1993～2012 年）降水量等一系列水文资料进行分析计算，求得浑河沈抚段流域植被蒸发量 ET，见表 8.28。

表 8.28　浑河沈抚段流域植被蒸发量 ET　　　　单位：mm

月份	1	2	3	4	5	6	7	8	9	10	11	12
丰水年	1.22	3.52	9.12	33.77	67.95	109.53	203.22	212.83	59.16	17.23	8.24	1.41
平水年	1.19	2.41	17.16	15.34	51.39	83.25	166.29	165.93	47.44	42.62	5.64	2.60
枯水年	1.09	2.50	9.72	26.66	41.95	85.98	160.32	114.26	47.59	28.80	6.81	2.08

由表 8.28 可知，温度及降水量是影响各区段的月植被蒸散能力的主要因素，丰水年的降水量高，丰水年的植被蒸发量大于平水年及枯水年。5~8 月温度较高，降水量较大，从而植被蒸发量较大，占全年的 70% 以上，丰水年 8 月份的植被蒸发量最大，达到 212mm 以上。1 月、12 月植被蒸发量较小，枯水年 1 月份植被蒸发量最小仅为 1.09mm 左右。

由遥感影像获取研究区域 13 个区段的河岸边草地面积见表 8.29。

表 8.29　浑河沈抚段各区段岸边植被面积　　　　　单位：km²

河段	1 月	2 月	3 月	4 月	5 月	6 月	7 月	8 月	9 月	10 月	11 月	12 月
1#	0.19	0.16	0.17	0.20	0.21	0.23	0.25	0.26	0.17	0.19	0.18	0.20
2#	0.37	0.32	0.36	0.36	0.37	0.36	0.39	0.38	0.36	0.36	0.37	0.35
3#	0.33	0.29	0.31	0.29	0.33	0.35	0.32	0.34	0.30	0.30	0.30	0.25
4#	0.19	0.18	0.18	0.18	0.19	0.21	0.23	0.19	0.19	0.19	0.18	0.20
5#	0.23	0.29	0.26	0.26	0.28	0.27	0.29	0.31	0.26	0.26	0.26	0.26
6#	0.24	0.28	0.26	0.28	0.27	0.28	0.31	0.29	0.27	0.27	0.26	0.26
7#	0.37	0.32	0.36	0.36	0.37	0.38	0.37	0.36	0.36	0.36	0.37	0.35
8#	0.24	0.21	0.23	0.23	0.24	0.26	0.29	0.30	0.23	0.23	0.23	0.22
9#	0.31	0.27	0.30	0.30	0.29	0.33	0.32	0.35	0.30	0.30	0.30	0.30
10#	0.12	0.11	0.12	0.12	0.13	0.15	0.17	0.18	0.12	0.12	0.12	0.12
11#	0.62	0.54	0.61	0.60	0.62	0.65	0.67	0.68	0.60	0.60	0.61	0.58
12#	0.19	0.16	0.18	0.18	0.24	0.22	0.20	0.19	0.18	0.18	0.19	0.18
13#	0.23	0.20	0.22	0.22	0.27	0.25	0.23	0.28	0.22	0.22	0.22	0.21

岸边植被的面积主要受到温度、水、光、养分的影响，非汛期的浑河沈抚段河流流量减小，温度较低，岸边植被有所较少，10#河段 2 月份岸边植被面积最小，为 0.11km²。汛期随着气温回升，河流流量增加，为河岸边植被提供了必要的养分，从而河岸边植被也随之增长，11#河段 8 月份岸边植被面积最大，为 0.68km²。

岸边植被生长需水量是河道外生态需水量的另一组成部分。岸边植被生长需水量主要用于流域内植被生态需水，能够有效抑制水土流失、土地荒漠化等现象。计算丰水年、平水年、枯水年三种年型浑河沈抚段岸边植被生长需水量，见表 8.30~表 8.32。

表 8.30 丰水年浑河沈抚段岸边植被生长需水量   单位：m³

区段	1月	2月	3月	4月	5月	6月	7月	8月	9月	10月	11月	12月
1#	231	564	1550	6079	12231	19715	36580	38309	10058	3274	1483	283
2#	450	1127	3282	12157	23782	39430	73160	76617	21299	6202	3048	495
3#	401	1022	2826	9794	20385	32858	60967	63848	17749	5169	2471	353
4#	231	634	1641	6079	12910	20810	38612	40437	11241	3274	1483	283
5#	280	1022	2371	8780	18346	29573	54870	57463	15975	4480	2142	367
6#	292	986	2371	9456	18346	29573	54870	57463	15975	4652	2142	367
7#	450	1127	3282	12157	23782	39430	73160	76617	21299	6202	3048	495
8#	292	740	2097	7767	15628	25191	46741	48950	13608	3963	1895	311
9#	377	951	2735	10131	19705	32858	60967	63848	17749	5169	2471	396
10#	146	387	1094	4052	8154	13143	24387	25539	7100	2067	989	170
11#	754	1902	5562	20262	40090	65717	121934	127695	35499	10337	5025	820
12#	231	564	1641	6079	12231	19715	36580	38309	10650	3101	1565	254
13#	280	705	2006	7430	14949	24096	44709	46822	13016	3790	1812	297

表 8.31 平水年浑河沈抚段岸边植被生长需水量   单位：m³

区段	1月	2月	3月	4月	5月	6月	7月	8月	9月	10月	11月	12月
1#	227	386	2916	2760	9251	11384	28133	29867	8065	8099	1015	119
2#	442	772	6176	5521	17988	22769	56265	59734	17079	15345	2087	209
3#	394	700	5318	4447	15418	18974	46888	49779	14233	12787	1692	149
4#	227	434	3088	2760	9765	12017	29696	31526	9014	8099	1015	119
5#	275	700	4460	3987	13876	17076	42199	44801	12809	11082	1467	155
6#	287	676	4460	4294	13876	17076	42199	44801	12809	11509	1467	155
7#	442	772	6176	5521	17988	22769	56265	59734	17079	15345	2087	209
8#	287	507	3946	3527	11820	14547	35947	38164	10912	9804	1297	131
9#	370	652	5147	4601	14904	18974	46888	49779	14233	12787	1692	167
10#	143	265	2059	1840	6167	7590	18755	19911	5693	5115	677	72
11#	740	1303	10465	9201	30322	37948	93775	99557	28465	25575	3441	346
12#	227	386	3088	2760	9251	11384	28133	29867	8540	7672	1072	107
13#	275	483	3774	3374	11307	13914	34384	36504	10437	9377	1241	125

表 8.32 枯水年浑河沈抚段岸边植被生长需水量 单位：m³

区段	1月	2月	3月	4月	5月	6月	7月	8月	9月	10月	11月	12月
1#	207	400	1653	4799	7551	15476	28857	20566	8090	5472	1226	416
2#	403	801	3500	9599	14683	30952	57714	41133	17133	10367	2520	729
3#	359	726	3014	7732	12585	25793	48095	34277	14277	8639	2044	521
4#	207	450	1750	4799	7971	16336	30460	21709	9042	5472	1226	416
5#	250	726	2528	6932	11327	23214	43286	30849	12849	7487	1771	541
6#	261	701	2528	7466	11327	23214	43286	30849	12849	7775	1771	541
7#	403	801	3500	9599	14683	30952	57714	41133	17133	10367	2520	729
8#	261	525	2236	6133	9649	19775	36873	26279	10946	6623	1567	458
9#	337	676	2916	7999	12166	25793	48095	34277	14277	8639	2044	583
10#	131	275	1167	3200	5034	10317	19238	13711	5711	3456	817	250
11#	675	1351	5930	15998	24751	51587	96190	68554	28554	17279	4155	1208
12#	207	400	1750	4799	7551	15476	28857	20566	8566	5184	1294	375
13#	250	500	2139	5866	9229	18915	35270	25137	10470	6335	1499	437

由表 8.30~表 8.32 可知，影响植被生态需水最重要的两个因子是植被面积和植被蒸发量。受浑河沈抚段为严寒地区的影响，植被生态需水量与季节性差异有关，5~8 月植被生长需水量较大，占全年的 75%以上；1 月、12 月植被生长需水量较小，仅占全年的 2%。同时植被生长需水量与河流水量也有响应关系，流量增加，给岸边植被带来所需养分，促进植被生长，故丰水年植被需水量为平水年植被需水量的 1.28 倍，为枯水年植被需水量的 1.38 倍。另外，可看出植被生长需水量较小，说明河流周边植被较少，需加强护堤护岸，提高生态建设意识。

8.2.1.6　河道分区生态需水量

对于较长的河流，其沿程的地质条件、水量、功能等方面存在着差异，所以不同河段所要求的河道需水量也存在着差异。为避免上下区间、干支流区间的河道需水量存在的重复计算问题，用河道分区的方法来计算河道分区需水量。以辽宁省和抚顺市水环境发展规划及生态保护目标一致性为依据，以能够为流域水资源的配置提供可操作性为原则进行分区。

计算分区生态需水量时，若下游河段需水量小于上游河段需水量，说明上游河段来水量已满足下游河段需水量且上游来水可利用。丰水年浑河沈抚段分区生态需水量见表 8.33~表 8.36。

表 8.33　丰水年浑河沈抚段现状分区生态需水量　　　　　单位：$10^8 m^3$

区段	1月	2月	3月	4月	5月	6月	7月	8月	9月	10月	11月	12月
1#	0.14	0.15	0.46	0.70	0.88	0.75	1.31	0.58	0.21	0.22	0.31	0.30
2#	0.08	0.08	0.09	0.12	0.08	0.21	0.11	−0.03	0.13	0.07	0.06	0.05
3#	0.00	−0.01	0.02	−0.04	−0.01	0.02	0.06	0.15	−0.01	0.02	0.03	0.04
4#	0.00	−0.03	−0.02	0.07	0.04	0.02	0.01	0.04	0.04	0.13	0.03	0.04
5#	0.02	0.07	0.29	0.00	−0.04	−0.01	−0.08	−0.19	0.05	0.32	0.03	−0.02
6#	0.03	0.03	0.02	0.00	0.01	0.03	0.07	0.11	0.05	−0.02	0.03	0.05
7#	0.03	0.02	0.01	0.01	−0.05	−0.04	−0.09	0.30	0.01	0.60	0.03	0.03
8#	0.03	0.09	0.08	0.08	0.07	0.07	0.02	−0.24	0.07	0.08	0.11	0.09
9#	−0.01	0.03	0.06	0.10	0.06	0.03	−0.10	0.06	0.03	0.01	0.01	0.00
10#	0.02	−0.01	−0.01	−0.04	−0.01	0.00	0.11	0.18	0.04	0.00	0.02	0.04
11#	0.01	0.02	0.00	0.00	−0.11	−0.12	−0.34	−0.12	−0.09	−0.09	−0.02	−0.02
12#	0.09	0.10	0.17	0.03	−0.03	0.20	0.18	−0.01	0.25	0.24	0.13	−0.04
13#	0.06	0.07	0.14	0.14	0.17	0.15	0.15	0.02	0.07	0.14	0.08	0.07
需水量	0.34	0.23	0.57	0.82	0.95	1.00	1.45	0.61	0.34	0.77	0.64	0.59
非汛期需水量		3.84			汛期需水量			4.37		总需水量		8.21

表 8.34　丰水年浑河沈抚段排污口关闭支流现状分区生态需水量　　　　　单位：$10^8 m^3$

区段	1月	2月	3月	4月	5月	6月	7月	8月	9月	10月	11月	12月
1#	0.14	0.15	0.27	0.50	0.68	0.65	1.31	0.58	0.21	0.22	0.31	0.30
2#	0.08	0.08	0.18	0.22	0.07	0.21	0.11	0.04	0.13	0.07	0.06	0.05
3#	−0.01	−0.01	−0.02	−0.01	−0.03	−0.01	−0.01	−0.02	−0.01	0.02	0.03	0.04
4#	0.01	0.00	0.28	0.14	0.26	0.16	0.11	0.14	0.04	−0.01	0.03	0.04
5#	0.02	0.05	0.13	0.00	−0.04	−0.01	−0.12	−0.19	0.05	1.02	0.03	−0.02
6#	0.00	0.01	0.00	−0.02	−0.01	0.01	0.05	0.09	0.02	0.01	0.01	0.02
7#	0.01	−0.01	−0.01	−0.01	−0.07	−0.06	−0.11	0.32	−0.01	−0.02	0.00	0.00
8#	0.09	0.09	0.08	0.08	0.07	0.08	0.02	−0.28	0.07	0.08	0.11	0.09
9#	0.02	0.03	0.06	0.10	0.06	0.03	−0.10	0.10	0.03	0.01	0.01	0.00
10#	0.01	0.00	−0.01	−0.04	−0.01	0.00	0.11	0.18	0.04	0.00	0.02	0.04
11#	−0.37	−0.38	−0.94	−0.34	−0.83	−0.86	−0.46	−0.12	−0.23	−1.24	−0.42	−0.12
12#	0.29	0.21	0.24	0.48	0.83	0.87	0.45	−0.01	0.30	1.00	0.54	0.12
13#	0.01	0.01	0.02	0.02	0.02	0.00	0.00	0.02	0.02	0.02	0.02	0.01
需水量	0.30	0.23	0.45	0.72	0.85	0.87	1.42	0.62	0.34	1.03	0.61	0.44
非汛期需水量		3.78			汛期需水量			4.10		总需水量		7.88

表 8.35 丰水年浑河沈抚段支流Ⅴ类水分区生态需水量　　　　　单位：$10^8 m^3$

区段	1月	2月	3月	4月	5月	6月	7月	8月	9月	10月	11月	12月
1#	0.08	0.09	0.42	0.53	0.79	0.59	0.99	0.46	0.14	0.16	0.19	0.17
2#	0.07	0.05	0.06	0.11	0.07	0.16	0.07	−0.02	0.09	0.06	0.04	0.03
3#	−0.01	−0.01	−0.02	−0.02	−0.04	−0.02	−0.02	0.11	0.02	0.01	0.02	0.03
4#	0.01	0.00	0.05	0.06	0.06	0.06	0.12	0.07	0.01	−0.02	0.02	0.03
5#	0.02	0.03	0.08	0.09	−0.06	−0.06	−0.10	−0.18	−0.03	0.12	0.02	−0.04
6#	0.01	0.00	0.00	−0.02	−0.01	0.01	0.05	0.02	0.02	0.02	−0.02	0.06
7#	0.02	0.02	0.02	0.02	−0.03	−0.01	−0.04	0.31	0.03	0.02	0.06	0.02
8#	0.04	0.04	0.09	0.11	0.09	0.12	0.07	−0.09	0.12	0.08	0.04	0.04
9#	0.03	0.04	0.05	0.10	0.06	0.03	−0.09	0.11	0.03	0.04	−0.02	−0.02
10#	0.01	0.01	0.01	−0.02	0.01	0.04	0.13	0.18	0.06	0.03	0.06	0.07
11#	−0.28	−0.27	−0.74	−0.94	−0.80	−0.71	−0.27	−0.12	−0.34	−0.37	−0.32	−0.33
12#	0.25	0.17	0.44	0.61	0.77	0.67	0.15	−0.01	0.25	0.24	0.30	0.30
13#	0.01	0.01	0.02	0.04	0.02	0.02	0.01	0.02	0.01	0.10	0.00	0.01
需水量	0.26	0.18	0.48	0.65	0.86	0.75	1.06	0.46	0.27	0.34	0.30	0.31
非汛期需水量		2.52		汛期需水量			3.40		总需水量			5.92

表 8.36 丰水年浑河沈抚段支流Ⅳ类水分区生态需水量　　　　　单位：$10^8 m^3$

区段	1月	2月	3月	4月	5月	6月	7月	8月	9月	10月	11月	12月
1#	0.03	0.02	0.04	0.05	0.09	0.10	0.85	0.08	0.07	0.01	0.04	0.04
2#	0.00	0.00	0.00	0.03	0.00	0.01	−0.08	−0.08	−0.01	0.04	0.01	−0.01
3#	0.00	0.00	−0.01	−0.01	0.00	0.00	0.67	0.08	−0.01	0.00	0.00	0.01
4#	0.02	0.02	0.00	0.02	0.02	−0.05	0.10	0.10	0.07	0.01	0.02	0.00
5#	0.00	−0.01	0.03	0.01	−0.01	0.18	−0.07	−0.10	−0.05	0.03	−0.01	−0.03
6#	0.01	0.02	0.01	0.00	0.01	0.02	0.07	0.08	0.08	0.02	0.01	0.02
7#	−0.05	−0.06	−0.07	−0.08	−0.02	−0.15	−0.20	0.36	−0.09	−0.02	−0.06	−0.05
8#	0.02	0.02	0.00	0.02	−0.26	0.00	−0.58	−0.17	−0.12	−0.08	0.00	−0.06
9#	−0.01	−0.01	0.00	0.23	0.08	0.57	0.17	0.03	0.07	0.01	0.06
10#	0.00	0.00	0.00	−0.02	0.01	0.16	0.15	0.15	0.04	0.10	0.02	0.04
11#	0.01	0.01	0.00	−0.01	0.00	0.01	−0.11	−0.08	0.02	0.04	0.03	−0.03
12#	0.00	0.00	0.00	0.00	0.00	0.00	0.03	−0.01	−0.02	0.00	0.01	−0.01
13#	0.01	0.01	0.01	0.03	−0.25	−0.26	−0.67	−2.27	−0.08	0.07	−0.05	−0.07
需水量	0.05	0.04	0.04	0.08	0.25	0.20	0.85	0.36	0.09	0.19	0.06	0.10
非汛期需水量		0.56		汛期需水量			1.75		总需水量			2.31

由表 8.33～表 8.36 可知，大部分区段处于生态需水量缺少状态，需要采取一定的补水措施，这主要是因为上游大伙房水库建库时并未考虑生态需水量这一问题。丰水年不同污染程度下现状分区需水（$8.21 \times 10^8 m^3$）＞排污口关闭支流现状（$7.88 \times 10^8 m^3$）＞支流达Ⅴ类水（$5.92 \times 10^8 m^3$）＞支流达Ⅳ类水的分区生态需水量（$2.31 \times 10^8 m^3$）。分区生态需水量汛期分区需水量大于非汛期的生态需水量，但与大伙房水库放水量相比较可知，大伙房水库放水可满足汛期生态需水量；为了城市景观需要，非汛期放水较少，无法满足浑河沈抚段生态需水量。总体来看浑河沈抚段区域的河道分区生态需水量不足，可通过大伙房水库增加生态补水来满足本研究区域最小生态需水量。

平水年分区生态需水量见表 8.37～表 8.40。

表 8.37　平水年浑河沈抚段现状分区生态需水量　　　　　　　单位：$10^8 m^3$

区段	1 月	2 月	3 月	4 月	5 月	6 月	7 月	8 月	9 月	10 月	11 月	12 月
1#	0.14	0.15	0.58	0.71	0.90	0.79	1.32	0.51	0.19	0.22	0.32	0.30
2#	0.09	0.09	0.06	0.13	0.08	0.22	0.15	0.10	0.16	0.09	0.07	0.07
3#	0.00	−0.01	−0.04	0.00	0.01	0.03	0.04	0.03	0.01	0.01	0.03	0.04
4#	−0.01	−0.01	0.13	−0.01	0.03	−0.11	0.03	0.01	−0.03	0.01	0.03	0.04
5#	0.04	0.06	0.14	0.04	−0.04	0.13	−0.07	−0.09	0.11	0.66	0.04	0.00
6#	0.03	0.03	0.02	0.00	0.01	0.03	0.03	0.03	0.03	−0.11	0.03	0.03
7#	0.03	0.03	0.02	0.01	−0.05	−0.04	−0.09	0.30	0.02	0.59	0.03	0.03
8#	0.10	0.10	0.09	0.09	0.07	0.08	0.01	−0.21	0.07	0.08	0.11	0.09
9#	0.02	0.03	0.07	0.11	0.06	0.04	−0.07	0.08	0.05	0.04	0.01	0.01
10#	0.01	−0.02	−0.01	−0.04	−0.01	−0.01	0.02	0.06	0.00	−0.05	0.00	0.01
11#	0.01	0.03	0.00	0.00	−0.11	−0.10	−0.27	0.05	−0.07	−0.08	−0.01	0.00
12#	0.09	0.10	0.19	0.03	−0.02	0.22	0.22	−0.02	0.28	0.25	0.15	−0.03
13#	0.07	0.07	0.14	0.14	0.17	0.15	0.14	0.08	0.07	0.16	0.08	0.07
需水量	0.40	0.24	0.64	0.84	1.02	1.04	1.54	0.65	0.36	0.99	0.69	0.63
非汛期需水量			4.43			汛期需水量		4.61		总需水量		9.04

表 8.38　平水年浑河沈抚段排污口关闭支流现状分区生态需水量　　　　单位：$10^8 m^3$

区段	1 月	2 月	3 月	4 月	5 月	6 月	7 月	8 月	9 月	10 月	11 月	12 月
1#	0.14	0.15	0.31	0.64	0.60	0.59	1.28	0.51	0.19	0.22	0.32	0.30
2#	0.09	0.09	0.22	0.13	0.18	0.33	0.15	0.10	0.16	0.09	0.07	0.07
3#	−0.01	−0.01	−0.02	−0.02	−0.12	−0.02	−0.04	−0.02	0.01	0.03	0.03	0.04

续表

区段	1月	2月	3月	4月	5月	6月	7月	8月	9月	10月	11月	12月
4#	0.01	−0.01	0.23	−0.01	0.35	0.16	0.15	0.06	−0.03	−0.01	0.03	0.04
5#	0.03	0.06	0.14	0.14	−0.04	0.00	−0.07	−0.09	0.11	0.54	0.04	0.00
6#	0.01	0.01	0.00	−0.02	−0.01	0.01	0.01	0.01	0.00	0.56	0.01	0.01
7#	0.00	0.00	−0.01	−0.01	−0.08	−0.06	−0.11	0.32	−0.01	−0.02	0.00	0.00
8#	0.10	0.10	0.09	0.09	0.07	0.08	0.01	−0.25	0.08	0.08	0.11	0.09
9#	0.02	0.03	0.07	0.11	0.07	0.04	−0.07	0.12	0.05	0.04	0.01	0.01
10#	0.01	0.00	−0.01	−0.04	−0.01	−0.01	0.02	0.06	0.01	−0.05	0.00	0.01
11#	−0.34	−0.36	−0.97	−0.29	−0.88	−0.90	−0.45	0.05	−0.41	−1.33	−0.55	−0.48
12#	0.32	0.23	0.30	0.44	0.89	0.17	0.55	0.02	0.10	0.69	0.28	0.51
13#	0.01	−0.01	0.01	0.01	0.00	0.00	−0.01	0.00	0.10	−0.03	0.20	0.00
需水量	0.33	0.25	0.52	0.77	0.91	0.92	1.43	0.61	0.36	1.10	0.63	0.57

非汛期需水量		4.17	汛期需水量			4.23	总需水量			8.4		

表 8.39 平水年浑河沈抚段支流 V 类水分区生态需水量   单位：$10^8 m^3$

区段	1月	2月	3月	4月	5月	6月	7月	8月	9月	10月	11月	12月
1#	0.09	0.09	0.33	0.58	0.80	0.60	0.95	0.41	0.13	0.16	0.19	0.16
2#	0.05	0.05	0.16	0.10	0.07	0.16	0.10	0.07	0.10	0.07	0.04	0.04
3#	0.00	−0.01	−0.02	−0.01	0.00	−0.02	−0.02	−0.01	0.01	0.01	0.02	0.02
4#	0.00	0.00	0.06	0.02	0.06	0.06	0.06	0.03	0.00	0.01	0.02	0.02
5#	0.03	0.04	0.08	0.09	−0.06	−0.06	−0.02	−0.06	−0.02	0.10	0.02	0.02
6#	0.00	0.00	0.00	−0.02	0.00	0.02	0.02	0.01	0.02	−0.02	0.01	0.01
7#	0.03	0.03	0.03	0.03	−0.03	−0.01	−0.04	0.45	0.03	0.05	0.03	0.02
8#	0.04	0.04	0.09	0.11	0.09	0.12	0.07	−0.29	0.11	0.07	0.04	0.03
9#	0.03	0.04	0.05	0.10	0.06	0.03	−0.06	0.15	0.04	0.07	0.02	0.02
10#	0.00	0.01	0.01	−0.02	0.01	0.01	0.05	0.06	0.03	−0.02	0.02	0.01
11#	−0.26	−0.28	−0.70	−0.94	−0.80	−0.69	−0.20	0.05	−0.30	−0.35	−0.25	−0.26
12#	0.27	0.19	0.41	0.61	0.78	0.68	0.18	−0.02	0.29	0.35	0.25	0.27
13#	0.01	0.01	0.01	0.03	0.02	0.01	−0.01	0.02	−0.01	0.03	0.00	0.00
需水量	0.28	0.20	0.49	0.68	0.87	0.76	1.05	0.48	0.29	0.38	0.40	0.35

非汛期需水量		2.78	汛期需水量			3.45	总需水量			6.23		

表8.40　平水年浑河沈抚段支流Ⅳ类水分区生态需水量　　单位：10⁸m³

区段	1月	2月	3月	4月	5月	6月	7月	8月	9月	10月	11月	12月
1#	0.01	0.00	0.01	0.02	0.08	0.04	0.93	0.01	0.01	0.00	0.00	0.00
2#	0.01	0.03	0.04	0.09	0.11	0.07	−0.03	0.03	0.04	0.05	0.04	0.04
3#	0.00	−0.01	−0.01	−0.03	−0.03	0.00	0.01	0.01	0.00	0.02	−0.01	0.00
4#	0.01	0.00	0.01	0.01	0.00	0.02	0.02	0.01	0.00	0.00	0.01	0.01
5#	0.01	0.02	0.03	0.04	0.00	0.06	−0.01	0.00	0.06	0.02	0.01	0.00
6#	0.01	0.00	0.00	−0.02	0.00	0.02	0.02	0.01	0.00	0.01	0.01	0.00
7#	0.02	0.01	0.00	0.00	0.04	0.03	−0.01	0.00	0.02	0.00	0.01	0.00
8#	−0.04	−0.03	−0.06	−0.05	−0.30	−0.37	0.02	−0.09	−0.07	0.00	−0.04	0.01
9#	0.01	0.02	0.01	0.06	0.28	0.19	−0.02	0.27	0.05	0.04	−0.02	0.01
10#	0.01	0.00	−0.01	−0.04	−0.03	−0.02	0.03	0.05	0.03	0.06	0.01	0.01
11#	0.00	0.00	0.00	0.00	−0.03	0.12	−0.02	0.03	−0.02	−0.09	−0.01	0.02
12#	0.03	0.03	0.01	0.03	0.02	0.08	−0.48	0.00	0.03	0.01	0.00	−0.07
13#	0.00	0.00	0.01	0.00	−0.01	−0.03	0.03	−0.01	−0.06	0.03	0.02	
需水量	0.06	0.05	0.05	0.11	0.28	0.24	0.93	0.39	0.12	0.20	0.04	0.10
非汛期需水量			0.61		汛期需水量		1.96		总需水量		2.57	

由表8.37～表8.40可知，平水年大部分区段处于生态需水量缺少状态，需要采取一定的补水措施。平水年不同污染程度下现状分区需水（9.04×10⁸m³）＞排污口关闭支流现状（8.4×10⁸m³）＞支流达Ⅴ类水（6.23×10⁸m³）＞支流达Ⅳ类水的分区生态需水量（2.57×10⁸m³）。13个区段中支流为Ⅴ类水时只有11#满足全年最小生态需水量，说明11#河段上游区间的河道需水量大于本区间的河道需水量，11#河段不仅不需要向本区段贡献河道需水量，而且在满足本区间的生态功能外，还可以利用上游来水。

枯水年分区生态需水量见表8.41～表8.44。

表8.41　枯水年浑河沈抚段现状分区生态需水量　　单位：10⁸m³

区段	1月	2月	3月	4月	5月	6月	7月	8月	9月	10月	11月	12月
1#	0.15	0.16	0.60	0.74	0.91	0.80	1.36	0.53	0.20	0.23	0.33	0.31
2#	0.10	0.09	0.09	0.13	0.09	0.24	0.15	0.10	0.16	0.09	0.07	0.07
3#	0.00	0.00	−0.01	−0.02	−0.02	−0.03	0.02	0.01	−0.02	−0.01	0.00	0.00

续表

区段	1月	2月	3月	4月	5月	6月	7月	8月	9月	10月	11月	12月
4#	−0.01	−0.01	0.02	0.07	0.06	0.07	0.06	0.04	0.03	0.03	0.06	0.07
5#	0.03	0.06	0.20	−0.02	−0.04	0.01	−0.08	−0.09	0.10	1.16	0.04	0.00
6#	0.03	0.03	0.03	0.01	0.01	0.02	0.04	0.03	0.03	0.02	0.03	0.03
7#	0.04	0.03	0.02	0.01	−0.05	−0.03	−0.06	0.32	0.03	0.01	0.04	0.04
8#	0.10	0.10	0.10	0.09	0.08	0.08	0.02	−0.19	0.08	0.09	0.12	0.10
9#	0.02	0.03	0.07	0.11	0.06	0.04	−0.09	0.03	0.04	0.01	0.01	0.01
10#	0.00	−0.01	0.00	−0.03	0.00	0.00	0.09	0.12	0.02	−0.01	0.02	0.02
11#	0.02	0.02	0.00	−0.01	−0.13	−0.12	−0.34	−0.06	−0.08	−0.09	−0.02	0.00
12#	0.09	0.11	0.21	0.04	−0.02	0.24	0.23	0.04	0.30	0.27	0.16	−0.03
13#	0.08	0.08	0.15	0.15	0.17	0.16	0.15	0.07	0.07	0.16	0.08	0.07
需水量	0.42	0.25	0.69	0.86	1.00	1.04	1.53	0.67	0.36	1.32	0.73	0.66

非汛期需水量	4.93	汛期需水量	4.60	总需水量	9.53

表 8.42 枯水年浑河沈抚段排污口关闭支流现状分区生态需水量　　　　单位：$10^8 m^3$

区段	1月	2月	3月	4月	5月	6月	7月	8月	9月	10月	11月	12月
1#	0.15	0.16	0.29	0.74	0.86	0.80	1.16	0.53	0.20	0.23	0.33	0.31
2#	0.10	0.09	0.25	0.11	0.09	−0.01	0.29	0.10	0.16	0.09	0.07	0.07
3#	0.00	−0.01	−0.01	−0.03	−0.03	0.27	−0.02	0.02	−0.01	0.01	0.03	0.04
4#	−0.01	−0.01	0.23	0.10	0.11	0.02	0.17	0.00	0.02	−0.01	0.03	0.04
5#	0.03	0.06	0.15	−0.02	−0.04	0.01	−0.08	−0.06	0.10	1.18	0.04	0.00
6#	0.01	0.01	0.01	−0.01	−0.01	0.00	0.02	0.01	0.00	0.00	0.01	0.01
7#	0.00	0.00	−0.01	−0.01	−0.07	−0.05	−0.09	0.35	0.00	−0.01	0.01	0.01
8#	0.10	0.10	0.10	0.09	0.09	0.09	0.03	−0.24	0.08	0.09	0.12	0.10
9#	0.02	0.03	0.07	0.11	0.06	0.05	−0.09	0.07	0.05	0.01	0.01	0.01
10#	0.00	0.00	0.00	−0.03	0.00	0.00	0.09	0.12	0.02	−0.01	0.02	0.02
11#	−0.40	−0.40	−0.93	−1.03	−0.92	−0.96	−0.56	−0.06	−0.25	−1.42	−0.34	−0.42
12#	0.35	0.25	0.26	0.19	0.92	0.96	0.62	0.09	0.31	0.78	0.57	0.46
13#	0.02	−0.01	0.01	0.01	0.01	0.00	−0.01	−0.02	0.02	−0.03	−0.01	0.00
需水量	0.37	0.25	0.54	0.84	0.95	0.96	1.45	0.64	0.36	1.18	0.67	0.60

非汛期需水量	4.45	汛期需水量	4.36	总需水量	8.81

表 8.43　枯水年浑河沈抚段支流 V 类水分区生态需水量　　　单位：$10^8 m^3$

区段	1月	2月	3月	4月	5月	6月	7月	8月	9月	10月	11月	12月
1#	0.10	0.10	0.44	0.59	0.81	0.60	0.97	0.41	0.14	0.16	0.20	0.17
2#	0.05	0.05	0.06	0.09	0.07	0.16	0.09	0.06	0.10	0.07	0.04	0.04
3#	0.00	−0.01	0.01	−0.03	−0.03	0.01	−0.06	0.02	0.01	0.01	0.02	0.02
4#	0.00	0.00	0.02	0.05	0.05	0.02	0.12	0.01	0.01	0.01	0.02	0.02
5#	0.03	0.04	−0.02	0.07	−0.06	−0.05	−0.06	−0.08	0.01	0.10	0.02	0.02
6#	0.01	0.00	0.10	−0.01	−0.01	0.01	0.02	0.02	0.01	0.02	0.01	0.01
7#	0.03	0.03	0.03	0.02	−0.02	0.00	−0.02	0.48	0.05	0.02	0.04	0.03
8#	0.03	0.04	0.09	0.11	0.09	0.11	0.08	−0.29	−0.01	0.08	0.04	0.03
9#	0.03	0.04	0.04	0.09	0.05	0.03	−0.08	0.13	0.12	0.04	0.01	0.02
10#	0.01	0.01	0.01	−0.01	0.02	0.03	0.11	0.12	0.04	0.05	0.03	0.03
11#	−0.26	−0.26	−0.65	−0.96	−0.82	−0.70	−0.26	−0.06	−0.11	−0.39	−0.09	−0.20
12#	0.27	0.22	0.50	0.67	0.79	0.69	0.19	0.02	0.09	0.35	0.08	0.19
13#	0.01	0.01	0.00	0.02	0.01	0.01	−0.01	−0.01	0.00	0.00	0.00	0.01
需水量	0.28	0.23	0.53	0.69	0.88	0.79	1.06	0.51	0.33	0.55	0.43	0.38
非汛期需水量		3.09			汛期需水量		3.57			总需水量		6.66

表 8.44　枯水年浑河沈抚段支流 IV 类水分区生态需水量　　　单位：$10^8 m^3$

区段	1月	2月	3月	4月	5月	6月	7月	8月	9月	10月	11月	12月
1#	0.00	0.00	0.01	0.02	−0.03	0.04	0.05	0.01	0.00	0.00	0.00	0.00
2#	0.03	0.03	0.04	0.09	0.13	0.13	0.02	0.04	0.04	0.05	0.01	0.04
3#	0.00	−0.01	−0.01	−0.02	−0.03	−0.03	0.04	0.00	−0.01	−0.01	0.00	0.00
4#	0.01	0.00	0.01	0.01	0.03	0.04	−0.02	0.02	0.01	0.01	0.00	0.01
5#	0.02	0.02	0.03	0.02	0.09	−0.01	−0.02	0.01	0.05	0.04	0.00	0.00
6#	0.01	0.00	0.00	−0.01	0.00	0.00	0.03	0.02	0.00	0.00	0.00	0.01
7#	0.05	0.05	−0.07	0.07	0.09	0.08	0.98	0.44	0.14	0.18	0.01	0.10
8#	−0.06	−0.06	−0.01	−0.19	−0.44	−0.21	−0.65	−0.08	−0.14	−0.16	0.00	−0.08
9#	−0.04	−0.03	0.01	0.07	0.36	0.16	0.55	0.32	0.04	0.05	0.00	−0.03
10#	0.01	0.01	0.00	−0.02	0.01	0.09	0.08	0.12	0.03	0.01	0.02	0.04
11#	0.00	0.00	−0.01	−0.02	−0.05	−0.07	−0.13	−0.06	−0.03	−0.01	−0.02	−0.05
12#	0.02	0.03	0.03	0.01	0.03	0.03	0.01	0.02	0.04	0.05	0.00	0.05

区段	1月	2月	3月	4月	5月	6月	7月	8月	9月	10月	11月	12月
13#	0.00	0.00	-0.02	0.00	0.01	0.04	0.00	-0.01	0.00	-0.03	0.00	0.00
需水量	0.10	0.07	0.05	0.11	0.37	0.25	1.01	0.54	0.20	0.23	0.04	0.15
非汛期需水量			0.81		汛期需水量		2.31		总需水量		3.12	

由表 8.41～表 8.44 可知，枯水年大部分区段处于生态需水量缺少状态，需要采取一定的补水措施。枯水年不同污染程度下现状分区需水（9.53×10⁸m³）＞排污口关闭支流现状（8.81×10⁸m³）＞支流达Ⅴ类水（6.66×10⁸m³）＞支流达Ⅳ类水的分区生态需水量（3.12×10⁸m³）。将结果与平水年及丰水年的生态需水量计算进行对比，结果表明，同一水质不同年型的生态需水量，枯水年＞平水年＞丰水年。浑河是典型的季节性河流，因此生态需水量也具有季节性，不论同一年型不同污染程度还是同一污染程度不同水质模型，汛期生态需水量均大于非汛期的生态需水量。通过与大伙房水库下泄水量比较可知，汛期泄水量均可满足三种年型的汛期生态需水量，非汛期表现为明显不足，因此需要增加对非汛期下泄水量的关注度。

8.2.2 生态需水量的影响因素分析

8.2.2.1 单个生态因素对生态需水量的影响

生态需水量由基本生态需水量、自净需水量、蒸发需水量、渗漏需水量及岸边植被需水量组成，为考察单个生态因素对生态需水量的影响，绘制不同污染情况多年平均单因素需水量图，如图 8.10～图 8.13 所示。

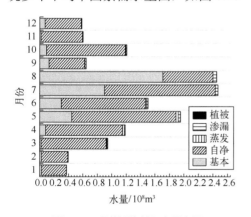

图 8.10　现状污染单因素需水量

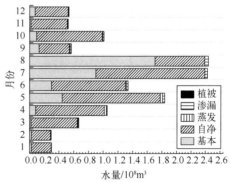

图 8.11　取缔排污口单因素需水量

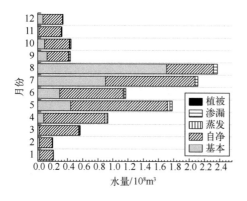

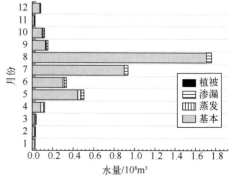

图 8.12　取缔排污口支流达 V 类水单因素需水量　　图 8.13　取缔排污口支流达 IV 类水单因素需水量

由图 8.10～图 8.13 可知，除 8 月外，其他各月份自净需水量是除支流达 IV 类水污染情况下占比最大的因素，为其他各因素之和的 9.18 倍，可见自净需水是影响需水量的第一大因素；汛期自净需水量占比较非汛期自净需水量占比要小，8 月自净需水量大于基本生态需水量，主要是因为 8 月水量大，缓解了自净需水压力，因此 8 月自净需水量少；在支流水质未达 IV 类水时，基本生态需水量是影响生态需水量的第二大因素，占总需水量 17.90％，当支流水质达 IV 类水后，自净需水量会随之降低，河流仅需基本水量来完成物质交换、生物体需水，维持河流处于健康状态，因此基本生态需水将成为影响生态需水的第一要素；渗漏需水量是影响生态需水量的第三影响因素，渗漏需水量主要出现在汛期，河流水量大，浑河水位高于两岸地下水位，补给地下水，渗漏需水量占总需水量的 2.38％；蒸发需水量对生态需水量的影响较小，且 7 月、8 月蒸发需水量为 0，蒸发为第四影响因素；岸边植被需水量对生态需水量的影响最小，几乎不会对生态需水量造成影响；在支流水质达 IV 类水时，基本需水将成为第一影响因素，无额外自净需水，其他影响因素次序保持不变。

8.2.2.2　水量对生态需水量的影响

河流生态系统的基本特征之一是水流不停，通过水体的不断流动河流完成营养物质的输移，实现营养盐和污染物的迁移和降解，实现自净功能。上节分析到自净是水质未达标前的第一大影响因素，而水质达标后影响基本需水量大小的第一因素也与水量有关，因此水量是生态需水量的主要影响因素之一，水量大，易于污染物稀释扩散，加快水的循环速度，真正实现流水不腐。为准确分析水量对浑河流域沈抚段生态需水量的影响，在水质一定的前提下，绘制现状污染情况下典型年基本生态水量与典型年缺水量对比图，如图 8.14、图 8.15 所示。

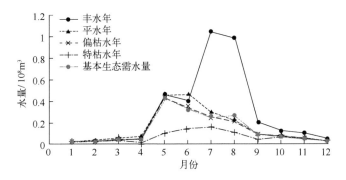

图 8.14　现状污染状况下典型年基本生态水量

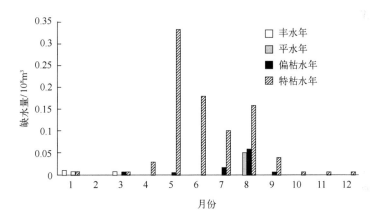

图 8.15　典型年生态缺水量

　　由图 8.14、图 8.15 可知，不同年型缺水程度不同，丰水年缺水情况最轻，枯水年缺水最严重，平水年和偏枯水年缺水情况差不多。不同水期缺水情况也不一样，丰水期缺水最轻，枯水期缺水程度最严重。不同年型年内缺水情况不一样，丰水年除了个别月份外（主要是枯水期），基本不缺水；特枯水年几乎与丰水年相反，除了枯水期个别月份不缺水外，丰水期和平水期均缺水，尤其是丰水期缺水严重；偏枯水年缺水月份多于平水年。丰水年的水量大于其他年型，加快了污染物的稀释扩散，减轻了河流微生物的降解压力，从而自净生态需水量较少，自净生态需水量是影响生态需水量的主要影响因素，因此在支流水质未达Ⅳ类水且水质恒定时，水量越大则生态需水量越小；在支流水质达Ⅳ类水时，基本需水量是生态需水量的第一影响因素，由基本生态需水量的计算方法可知，水量与基本需水量成正比，生态需水量会随水量增加而变大。

8.2.2.3 水质对生态需水量的影响

水质反映了河流水化学特征，水体对污染物质具有一定的稀释、净化能力，能通过一系列的物理、化学和生物作用，使污染物的浓度逐渐降低，水质恢复到原来的状态，因此在计算生态需水量时还需要考虑河流水质。为反映不同水质对浑河流域沈抚段生态需水量的影响，绘制浑河流域不同污染状况生态需水量的对比图，如图8.16。

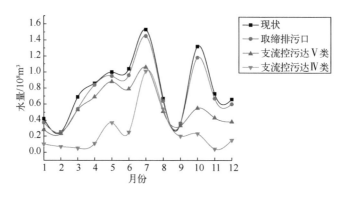

图 8.16 不污染情况生态需水量

由图8.16可知，现状、取缔排污口需水量、取缔排污口支流达Ⅴ类需水量、取缔排污口支流控污达Ⅳ类水的需水量依次为 $9.53\times10^8m^3$、$8.81\times10^8m^3$、$6.66\times10^8m^3$、$3.12\times10^8m^3$，可见在水量一定时，水质越差，需水量越大；4种污染状况汛期需水量（5~9月）依次为 $4.6\times10^8m^3$、$4.36\times10^8m^3$、$3.57\times10^8m^3$、$2.37\times10^8m^3$，非汛期需水量（10月~次年4月）依次为 $4.93\times10^8m^3$、$4.45\times10^8m^3$、$3.09\times10^8m^3$、$0.75\times10^8m^3$，可知现状及取缔排污口时非汛期需水量大于汛期需水量，主要是因为此时水质较差，非汛期污染物不断积累，需要大量的自净水量；取缔排污口支流控污达Ⅴ类水及Ⅳ类水时，汛期需水量大于非汛期的需水量，主要是因为水质得到相应改善，自净需水量减少，基本需水量成为主要影响因素，基本需水量与水量成正比，汛期水量大，故汛期需水量大于非汛期需水量；在取缔排污口支流达到Ⅴ类水之前，水质是影响生态需水量的主要因素，在取缔排污口支流达到Ⅴ类水之后，水质将成为影响生态需水量的次要因素。

8.3　生态需水最优调控方案

8.3.1　调控原则、目标

8.3.1.1　调控原则

浑河沈抚段调控原则主要基于以下三个方面进行：

① 正确处理水量与水质的关系。通过水量调度计划，保障流域供水安全和生态安全，尤其是非汛期水质和水量，要求断面水质达到地表水环境Ⅳ类标准。

② 保证非汛期河道蓄水量满足浑河沈抚段生态需水量。

③ 流域内发生特枯水、水污染、水上安全事故、工程事故等突发事件时，应服从有调度权限的防汛抗旱指挥机构的调度。

8.3.1.2　调控目标

浑河沈抚段调控目标主要基于以下三个方面进行：

① 生态目标：满足水生生物的栖息需求、陆生动物的水量需求、哺乳动物的食物需求及含氧量需求。

② 水质目标：达到《地表水环境质量标准》（GB 3838—2002）Ⅳ类。COD浓度≤30mg/L，NH_3-N 浓度≤1.5mg/L。

③ 水量目标：满足河道生态需水量，减轻特枯水、水污染、工程事故等突发事件的影响。

8.3.2　生态需水水质水量调控方案

由于浑河是典型的北方河流，冬季 12 月～次年 3 月属于冰封期，5～9 月属于农业灌溉期和汛期，农业灌溉和汛期大伙房水库泄水量可满足丰水年、平水年、枯水年的生态需水量，其他时期由于城市景观用水，致使河道水量不足，生态恶化，因此，根据浑河沈抚段的实际情况及大伙房水库现有调控方案，拟定丰水年、平水年及枯水年生态需水调控方案。要求在河道水质满足《地表水环境质量标准》（GB 3838—2002）Ⅳ类水质要求时，还需要满足河道生态需水量，水质达到Ⅳ类水时视为水质达标。

基于生态需水量计算结果，采用 Mike11 软件，模拟大伙房水库泄水过程，并分析浑河沈抚段河道水质沿程变化。大伙房水库下泄水方案主要包括现状泄水方案、取缔排污口支流现状下泄水方案、取缔排污口支流控污达Ⅴ类水泄水方案、取缔排污口支流控污达Ⅳ类水泄水方案，每种方案又包含五种具体泄水方案：方案一为平均每天下泄水量，方案二为每次间隔1天下泄水量，方案三为每次间隔4天下泄水量，方案四为10月31日～次年9月30日每月前10天泄水，方案五为10月31日～次年9月30日每月前15天泄水，丰、平、枯年型均按此方案进行泄水。枯水年大伙房泄水量见表8.45。

表 8.45　枯水年大伙房泄水量　　　　　　　　　单位：m³/s

方案		10月	11月	12月	1月	2月	3月	4月	5月	6月	7月	8月	9月
现状泄水方案	一	49.28	28.16	24.64	15.68	10.33	25.76	33.18	37.34	40.12	57.12	25.01	13.89
	二	98.57	56.33	49.28	31.36	20.67	51.52	66.36	74.67	80.25	114.3	50.03	27.78
	三	246.42	140.82	123.20	78.41	51.67	128.80	165.90	186.70	200.60	285.60	125.10	69.44
	四	152.78	84.49	76.39	48.61	28.94	79.86	99.54	115.70	120.40	177.10	77.55	41.67
	五	101.85	56.33	50.93	32.41	19.29	53.24	66.36	77.16	80.25	118.10	51.70	27.78
取缔排污口支流现状下泄水方案	一	44.06	25.85	22.40	13.81	10.33	20.16	32.41	35.47	37.04	54.14	23.89	13.89
	二	88.11	51.70	44.80	27.63	20.67	40.32	64.81	70.94	74.07	108.2	47.79	27.78
	三	220.28	129.24	112.00	69.07	51.67	100.80	162.00	177.30	185.20	270.70	119.50	69.44
	四	136.57	77.55	69.44	42.82	28.94	62.50	97.22	109.90	111.10	167.80	74.07	41.67
	五	91.05	51.70	46.30	28.55	19.29	41.67	64.81	73.30	74.07	111.90	49.38	27.78
取缔排污口支流控污达Ⅴ类水泄水方案	一	20.53	16.59	14.19	10.45	9.51	19.79	26.62	32.86	30.48	39.58	19.04	12.73
	二	41.07	33.18	28.38	20.91	19.01	39.58	53.24	65.71	60.96	79.15	38.08	25.46
	三	102.67	82.95	70.94	52.27	47.54	98.94	133.10	164.30	152.40	197.90	95.21	63.66
	四	63.66	49.77	43.98	32.41	26.62	61.34	79.86	101.9	91.44	122.70	59.03	38.19
	五	42.44	33.18	29.32	21.60	17.75	40.90	53.24	67.90	60.96	81.79	39.35	25.46
取缔排污口支流控污达Ⅳ类水泄水方案	一	8.59	1.54	5.60	3.73	2.89	1.87	4.24	13.81	9.65	37.71	20.16	7.72
	二	17.17	3.09	11.20	7.47	5.79	3.73	8.49	27.63	19.29	75.42	40.32	15.43
	三	42.94	7.72	28.00	18.67	14.47	9.33	21.22	69.07	48.23	188.60	100.80	38.58
	四	26.62	4.63	17.36	11.57	8.10	5.79	12.73	42.82	28.94	116.90	62.50	23.15
	五	17.75	3.09	11.57	7.72	5.40	3.86	8.49	28.55	19.29	77.93	41.67	15.43

由丰、平、枯年型划分可知浑河沈抚段枯水年所占比例较大，故对枯水年调控方案进行分析。

8.3.2.1 现状污染情况

在目前河流污染状态下，水库泄水总量为现状污染情况下的生态需水总量。在泄水总量不变的情况下，通过模拟不同泄水方案下河道水流状态，分析河道水质达标情况，获得河道水质达标的最优泄水方案。现状污染情况下生态需水量的最优泄水方案结果见表 8.46。

由表 8.46 可知，无论何种泄水方式均可极大地改善水质效果，均可使河道水质达到Ⅳ类水，甚至Ⅲ类水的效果，最小的达标率为方案一（平均每天下泄），长青桥断面 COD 达标为 89.59%，最大的达标率为方案五（每月前 15 天泄水），和平桥断面 COD 达标为 97.81%，综合来看方案五（10 月～次年 9 月每天放水依次为 101.85m³/s、56.33m³/s、50.93m³/s、32.41m³/s、19.29m³/s、53.24m³/s、66.36m³/s、77.16m³/s、80.25m³/s、118.10m³/s、51.70m³/s、27.78m³/s）达标率略高于其他方案。

表 8.46 现状污染情况下生态需水量泄水断面达标情况 单位：d

方案			10 月	11 月	12 月	1 月	2 月	3 月	4 月	5 月	6 月	7 月	8 月	9 月	达标率/%
一	和平桥达标天数	COD	18	29	31	29	28	31	28	31	30	26	28	30	92.88
		NH₃-N	19	25	31	30	27	31	24	25	26	30	28	25	87.95
	长青桥达标天数	COD	21	25	25	30	26	30	28	27	25	30	31	29	89.59
		NH₃-N	23	19	25	30	26	29	28	27	28	29	29	28	87.95
二	和平桥达标天数	COD	18	25	29	31	28	31	29	31	28	29	31	29	92.88
		NH₃-N	31	25	31	31	27	31	24	28	26	30	28	25	92.33
	长青桥达标天数	COD	20	25	28	30	25	31	28	28	26	29	28	30	89.86
		NH₃-N	31	23	27	31	25	30	29	28	26	30	31	28	92.88
三	和平桥达标天数	COD	12	26	31	30	28	29	30	31	27	29	30	30	91.23
		NH₃-N	25	28	27	31	25	31	23	30	29	30	28	27	91.51
	长青桥达标天数	COD	25	26	29	28	26	31	30	29	27	30	30	29	92.60
		NH₃-N	23	29	31	29	24	30	29	27	27	26	30	29	91.51
四	和平桥达标天数	COD	19	25	29	28	28	28	27	26	30	29	29	29	89.59
		NH₃-N	25	28	31	31	24	31	26	29	27	30	29	29	92.33
	长青桥达标天数	COD	24	24	29	27	28	27	25	30	28	27	29	30	89.86
		NH₃-N	31	23	27	31	27	26	24	29	25	30	30	27	92.05
五	和平桥达标天数	COD	25	29	30	31	28	31	30	31	30	31	31	30	97.81
		NH₃-N	31	28	30	31	25	31	26	30	28	31	30	29	95.89
	长青桥达标天数	COD	26	29	30	31	28	31	30	30	29	31	31	29	97.53
		NH₃-N	31	28	29	31	28	30	30	31	27	29	30	30	96.99

8.3.2.2 取缔排污口支流现状情况

在目前河流污染状态下，单纯取缔干流排污口的条件下，泄水总量为取缔干流排污口情况下的生态需水总量。在泄水总量不变的情况下，通过模拟不同泄水方案下河道水流状态，分析河道水质达标情况，获得河道水质达标的最优泄水方案。干流排污口取缔生态需水量的泄水方案结果见表 8.47。

表 8.47　取缔排污口支流现状下生态需水量泄水断面达标情况　　　　单位：d

方案			10月	11月	12月	1月	2月	3月	4月	5月	6月	7月	8月	9月	达标率/%
一	和平桥达标天数	COD	18	22	25	30	25	30	27	27	29	30	29	28	87.67
		NH$_3$-N	18	30	28	25	26	27	29	27	29	29	29	30	89.59
	长青桥达标天数	COD	17	22	25	29	25	30	26	27	28	30	30	28	86.85
		NH$_3$-N	21	30	26	28	28	29	27	30	27	30	27	21	89.59
二	和平桥达标天数	COD	18	28	25	31	27	31	29	30	27	30	28	27	90.68
		NH$_3$-N	18	29	28	28	25	29	28	26	28	30	29	30	89.86
	长青桥达标天数	COD	21	27	30	26	27	31	25	26	29	30	28	27	89.59
		NH$_3$-N	17	30	28	28	28	30	27	27	30	27	30	26	89.86
三	和平桥达标天数	COD	23	24	28	27	28	26	30	30	28	28	28	28	90.41
		NH$_3$-N	15	28	28	29	25	28	28	28	30	31	29	30	90.14
	长青桥达标天数	COD	22	24	28	28	28	26	30	30	27	28	27	28	88.22
		NH$_3$-N	21	30	28	28	28	30	31	30	29	28	27	27	92.60
四	和平桥达标天数	COD	19	25	28	30	26	28	29	29	26	29	26	29	88.49
		NH$_3$-N	10	27	29	30	25	27	25	30	30	30	30	30	88.49
	长青桥达标天数	COD	17	30	26	29	26	28	27	30	26	29	26	29	89.04
		NH$_3$-N	24	30	28	30	28	29	26	28	29	28	30	25	91.78
五	和平桥达标天数	COD	23	29	29	30	28	29	28	30	29	28	29	28	93.15
		NH$_3$-N	22	28	30	30	27	30	27	31	30	30	30	30	94.52
	长青桥达标天数	COD	21	29	30	30	28	30	29	30	28	30	31	30	94.79
		NH$_3$-N	19	30	29	28	28	30	27	29	31	31	30	28	92.05

由表 8.47 可知，取缔排污口支流现状情况水质改善效果良好，均可达到 85％以上，其中改善效果最小的方案为方案一（平均每天下泄），改善效果最大的为方案五（每月前 15 天泄水，10 月～次年 9 月每天泄水依次为 91.05m³/s、51.71m³/s、

46.30m³/s、28.55m³/s、19.29m³/s、41.67m³/s、64.81m³/s、73.30m³/s、74.07m³/s、111.90m³/s、49.38m³/s、27.78m³/s），可见使用大流量水对河道进行冲刷，加快河道水的更替速度，对河道水质改善是有一定效果的。

8.3.2.3 取缔排污口支流控污达Ⅴ类水情况

在取缔干流排污口，并控制支流入河水质达到Ⅴ类的条件下，泄水总量为干流排污口取缔和支流河控污达标情况下的生态需水总量。在泄水总量不变的情况下，通过模拟不同泄水方案下河道水流状态，分析河道水质达标情况，获得河道水质达标的最优泄水方案。干流排污口取缔和支流河控污达标生态需水量最优泄水方案结果见表8.48。

表8.48 取缔排污口支流控污达Ⅴ类水下生态需水量泄水断面达标情况 单位：d

方案			10月	11月	12月	1月	2月	3月	4月	5月	6月	7月	8月	9月	达标率/%
一	和平桥达标天数	COD	18	27	26	31	28	27	28	31	27	26	31	28	89.86
		NH₃-N	18	25	27	25	28	31	30	29	28	27	31	29	89.86
	长青桥达标天数	COD	20	26	28	31	28	28	26	29	28	27	29	30	90.41
		NH₃-N	21	28	31	26	28	27	27	26	26	29	28	30	89.59
二	和平桥达标天数	COD	18	30	31	31	28	29	29	30	25	26	30	29	92.05
		NH₃-N	18	30	31	31	28	29	29	31	29	27	29	30	93.97
	长青桥达标天数	COD	18	27	31	31	28	30	28	28	30	31	31	30	93.97
		NH₃-N	20	24	31	31	28	31	27	26	25	29	25	26	89.59
三	和平桥达标天数	COD	21	30	28	31	28	21	28	25	28	25	28	24	86.85
		NH₃-N	21	30	24	31	28	24	28	25	25	29	25	26	87.40
	长青桥达标天数	COD	15	29	31	31	28	30	27	30	30	31	31	30	93.97
		NH₃-N	19	24	31	31	28	31	27	28	25	31	31	29	89.04
四	和平桥达标天数	COD	19	24	31	24	27	23	27	30	28	28	26	27	86.03
		NH₃-N	20	24	27	31	27	28	27	27	25	27	31	27	86.30
	长青桥达标天数	COD	11	30	31	31	28	30	18	22	29	31	29	29	87.40
		NH₃-N	21	27	31	31	28	31	20	23	25	31	31	29	89.86
五	和平桥达标天数	COD	22	27	30	31	27	30	27	30	29	29	31	28	93.42
		NH₃-N	23	28	30	30	27	31	29	29	28	29	28	27	92.88
	长青桥达标天数	COD	21	27	31	31	29	29	29	29	30	31	29	29	94.25
		NH₃-N	24	28	31	31	28	31	29	30	30	29	29	28	95.34

由表 8.48 可知，取缔排污口支流控污达 V 类水的模拟方案中，依旧为方案五（每月前 15 天泄水，10 月～次年 9 月每天放水依次为 42.22m³/s、33.18m³/s、29.32m³/s、21.60m³/s、17.75m³/s、40.90m³/s、53.24m³/s、67.90m³/s、60.96m³/s、81.79m³/s、39.35m³/s、25.46m³/s）的效果好，其他方案对水质改善的效果相对略差，水质改善最低程度为 86.03%。10 月份的模拟结果不理想，主要是因为模拟开始时模型不太稳定，对模拟结果有所影响，水质处理效果不佳。

8.3.2.4 取缔排污口支流控污达标Ⅳ类水情况

在取缔干流排污口，并控制支流入河水质达到Ⅳ类的条件下，河道水质自净能力较强，泄水总量为干流排污口取缔和支流河控污达标情况下的生态需水总量。在泄水总量不变的情况下，通过模拟不同泄水方案下河道水流状态，分析河道水质达标情况，获得河道水质达标的最优泄水方案。干流排污口取缔和支流河水质达Ⅳ类生态需水量最优泄水方案结果见表 8.49。

由表 8.49 可知，当支流水质达到Ⅳ类水时，本身河流水质的纳污能力较强，因此五种泄水方式的水质改善效果良好，同样 10 月份的水质改善程度不大，主要因为在模型运行的开始，模型不够稳定，表现为水质改善较差，其余各月水质改善均较好。

表 8.49 取缔排污口支流控污达Ⅳ类水下生态需水量泄水断面达标情况　单位：d

方案			10月	11月	12月	1月	2月	3月	4月	5月	6月	7月	8月	9月	达标率/%
一	和平桥达标天数	COD	30	30	31	31	28	31	30	31	30	31	31	30	99.73
		NH₃-N	29	30	31	31	28	31	30	31	30	31	31	30	99.45
	长青桥达标天数	COD	17	30	31	31	28	31	30	31	30	31	31	30	96.16
		NH₃-N	13	30	31	31	28	31	30	31	30	31	31	30	95.07
二	和平桥达标天数	COD	29	30	31	31	28	31	30	31	30	31	31	30	99.45
		NH₃-N	29	30	31	31	28	31	30	31	30	31	31	30	99.45
	长青桥达标天数	COD	16	30	31	31	28	31	30	31	30	31	31	30	95.89
		NH₃-N	13	30	31	31	28	31	30	31	30	31	31	30	95.07
三	和平桥达标天数	COD	30	30	31	31	28	31	30	31	30	31	31	30	99.73
		NH₃-N	30	30	31	31	28	31	30	31	30	31	31	30	99.73
	长青桥达标天数	COD	17	30	31	31	28	31	30	31	30	31	31	30	96.16
		NH₃-N	14	30	31	31	28	31	30	31	30	31	31	30	95.34

方案			10月	11月	12月	1月	2月	3月	4月	5月	6月	7月	8月	9月	达标率/%
四	和平桥达标天数	COD	30	30	31	31	28	31	30	31	30	31	31	30	99.73
		NH₃-N	30	30	31	31	28	31	30	31	30	31	31	30	99.73
	长青桥达标天数	COD	21	30	31	31	28	31	30	31	30	31	31	30	97.26
		NH₃-N	19	30	31	31	28	31	30	31	30	31	31	30	96.71
五	和平桥达标天数	COD	30	30	31	31	28	31	30	31	30	31	31	30	99.73
		NH₃-N	29	30	31	31	28	31	30	31	30	31	31	30	99.45
	长青桥达标天数	COD	19	30	31	31	28	31	30	31	30	31	31	30	96.71
		NH₃-N	18	30	31	31	28	31	30	31	30	31	31	30	96.44

8.3.3　多水源生态需水量水质水量调控方案

众所周知，沈阳、抚顺的生活、工业、农业灌溉水量需要全部由大伙房水库提供，生态需水量较大，给大伙房水库带来很大的压力。因此，浑河干流生态需水量来源需考虑多个水源。因枯水年所占比例较大，故多水源调控方案只针对枯水年进行。

浑河沈抚段沿线有多处污水处理厂，污水处理厂尾水经过深度处理，可以考虑作为生态需水量的一个来源。浑河沈抚段三宝屯污水处理厂，日处理量40万t/d，排入水体为4.6m³/s，年排入水体的量为$1.46 \times 10^8 m^3$，大约为大伙房水库非汛期泄水量的一半。虽然目前污水处理厂尾水排放达到1级A标准，但按照《地表水环境质量标准》（GB 3838—2002）仍为劣V类，按照《城镇污水处理厂污染物排放标准》（GB 18918—2002），对于特殊地区污水处理厂要求排放标准达到地表水环境质量Ⅳ类标准。因此假设该污水处理厂出水水质达到Ⅳ类水，每天排入浑河沈抚段流量为4.6m³/s，重新规划多水源枯水年大伙房水库泄水方案，见表8.50。

表8.50　多水源枯水年大伙房水库泄水方案　　　　　单位：m³/s

方案		10月	11月	12月	1月	2月	3月	4月	5月	6月	7月	8月	9月
现状泄水方案	一	44.68	22.80	20.04	11.08	5.18	21.16	27.66	32.74	34.38	52.52	20.41	8.99
	二	89.37	45.61	40.08	22.16	10.36	42.32	55.31	65.47	68.76	105.10	40.83	17.98
	三	223.42	114.02	100.20	55.41	25.90	105.80	138.30	163.70	171.80	262.60	102.10	44.95

续表

方案		10月	11月	12月	1月	2月	3月	4月	5月	6月	7月	8月	9月
现状泄水方案	四	138.52	70.69	62.13	34.35	16.06	65.60	85.74	101.50	106.60	162.80	63.29	27.87
	五	92.35	47.13	41.42	22.90	10.70	43.73	57.16	67.65	71.05	108.60	42.19	18.58
取缔排污口支流现状下泄水方案	一	39.46	20.56	17.80	9.21	5.18	15.56	26.91	30.87	31.39	49.54	19.29	8.99
	二	78.91	41.13	35.60	18.43	10.36	31.12	53.82	61.74	62.78	99.070	38.59	17.98
	三	197.28	102.82	89.01	46.07	25.90	77.81	134.60	154.30	156.90	247.70	96.47	44.95
	四	122.31	63.75	55.18	28.56	16.06	48.24	83.42	95.69	97.31	153.60	59.81	27.87
	五	81.54	42.50	36.79	19.04	10.70	32.16	55.61	63.80	64.87	102.40	39.88	18.58
取缔排污口支流控污达V类水泄水方案	一	15.93	11.60	9.59	5.85	4.43	15.19	21.31	28.26	25.04	34.98	14.44	7.87
	二	31.87	23.21	19.18	11.71	8.86	30.38	42.62	56.51	50.09	69.95	28.88	15.74
	三	79.67	58.01	47.94	29.27	22.16	75.94	106.60	141.30	125.20	174.90	72.21	39.35
	四	49.40	35.97	29.72	18.15	13.74	47.08	66.06	87.59	77.64	108.40	44.77	24.39
	五	32.93	23.98	19.81	12.10	9.16	31.39	44.04	58.39	51.76	72.28	29.85	16.26
取缔排污口支流控污达IV类水泄水方案	一	3.99	0.00	1.00	0.00	0.00	0.00	0.00	9.21	4.88	33.11	15.56	3.02
	二	7.97	0.00	2.00	0.00	0.00	0.00		18.43	9.76	66.22	31.12	6.03
	三	19.94	0.00	5.00	0.00	0.00	0.00		46.07	24.41	165.60	77.81	15.08
	四	12.36	0.00	3.10	0.00	0.00	0.00		28.56	15.14	102.60	48.24	9.35
	五	8.24	0.00	2.07	0.00	0.00	0.00		19.04	10.09	68.43	32.16	6.23

　　同样选取河道干流上和平桥、长青桥两个断面为研究对象，考察大伙房水库现状水量、调控方式下现状泄水方案、取缔排污口支流现状下泄水方案、取缔排污口支流控污达Ⅴ类水泄水方案、取缔排污口支流控污达Ⅳ类水泄水方案。

8.3.3.1　现状污染情况

　　在目前河流污染状态下，水库泄水总量为现状污染情况下的生态需水总量减掉 $1.46 \times 10^8 m^3$ 的剩余水量。在泄水总量不变的情况下，通过模拟不同泄水方案下河道水流状态，分析河道水质达标情况，获得河道水质达标的最优泄水方案。现状污染情况下不同生态需水量泄水方案 COD、$NH_3\text{-}N$ 浓度变化见图 8.17～图 8.20。

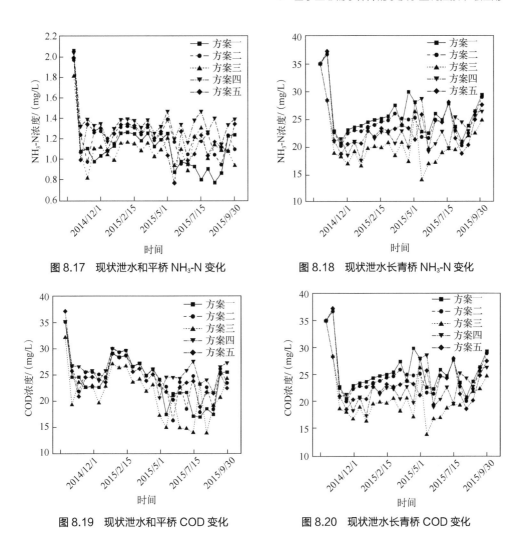

图 8.17 现状泄水和平桥 NH₃-N 变化

图 8.18 现状泄水长青桥 NH₃-N 变化

图 8.19 现状泄水和平桥 COD 变化

图 8.20 现状泄水长青桥 COD 变化

由图 8.17～图 8.20 可知,在加入外来水源现状情况下的五种泄水方案均可使河道达到Ⅳ类水的标准,对浑河沈抚段水质改善效果良好,其中方案三(每次间隔 4 天下泄流量,10 月～次年 9 月份每月间隔 4 天泄水量依次为 223.42m³/s、114.02m³/s、100.20m³/s、55.41m³/s、25.90m³/s、105.80m³/s、138.30m³/s、163.70m³/s、171.80m³/s、262.60m³/s、102.10m³/s、44.95m³/s)对水质改善程度最大,外加水源的加入可降低大伙房水库的用水压力,同时也达到了循环可持续的用水效果。

8.3.3.2 取缔排污口支流现状情况

在目前河流污染状态下,单纯取缔干流排污口的条件下,泄水总量为取缔干流排污口情况下的生态需水总量减掉 1.46×10⁸m³ 的剩余水量。在泄水总量不变的情况下，通过模拟不同泄水方案下河道水流状态，分析河道水质达标情况，获得河道水质达标的最优泄水方案。干流排污口取缔生态需水量的泄水方案 COD、NH_3-N 浓度变化如图 8.21～图 8.24 所示。

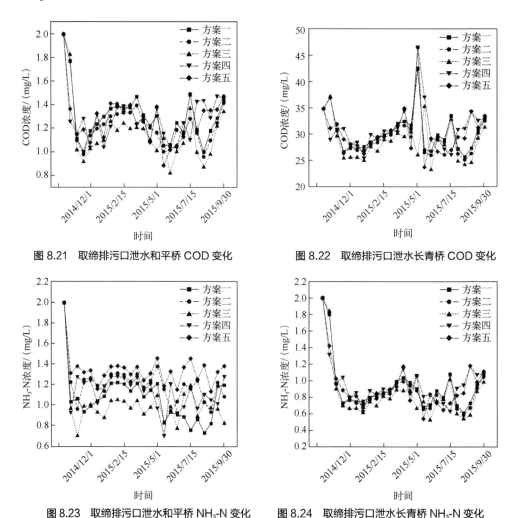

图 8.21 取缔排污口泄水和平桥 COD 变化　　图 8.22 取缔排污口泄水长青桥 COD 变化

图 8.23 取缔排污口泄水和平桥 NH_3-N 变化　　图 8.24 取缔排污口泄水长青桥 NH_3-N 变化

　　由图 8.21～图 8.24 可知，取缔排污口支流现状的泄水的五种泄水方案可以起到改善浑河沈抚段水质的效果，长青桥及和平桥断面显示，除 10 月外，其他各月 COD 浓度低于 30mg/L，NH_3-N 浓度低于 1.5mg/L。五种方案中方案三、四、五水质改善效果波动较大，主要是因为方案三、四、五为大流量泄水，且为间断性放水，在停止放水期间水质出现反弹，但依然在达标的范围内，综合来看方案三（每次间隔 4 天泄水，10 月～次年 9 月每月间隔 4 天泄水量依次为 197.28m³/s、

102.82m³/s、89.01m³/s、46.07m³/s、25.90m³/s、77.81m³/s、134.60m³/s、154.30m³/s、156.90m³/s、247.70m³/s、96.47m³/s、44.96m³/s）的效果为最佳。

8.3.3.3 取缔排污口支流控污达Ⅴ类水情况

在取缔干流排污口，并控制支流入河水质达到Ⅴ类的条件下，泄水总量为干流排污口取缔和支流河控污达标情况下的生态需水总量减掉 1.46×10⁸m³ 的剩余水量。在泄水总量不变的情况下，通过模拟不同泄水方案下河道水流状态，分析河道水质达标情况，获得河道水质达标的最优泄水方案。干流排污口取缔和支流河控污达标生态需水量泄水方案 COD、NH₃-N 浓度变化如图 8.25～图 8.28 所示。

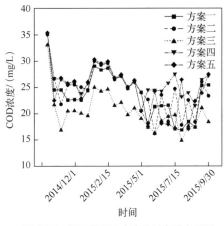

图 8.25 取缔排污口支流达Ⅴ类泄水和平桥 COD 变化

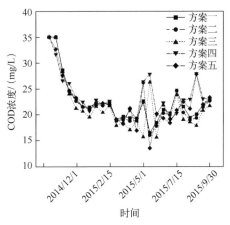

图 8.26 取缔排污口支流达Ⅴ类泄水长青桥 COD 变化

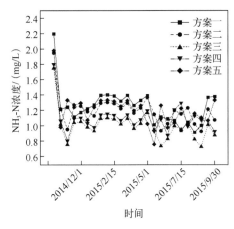

图 8.27 取缔排污口支流达Ⅴ类泄水和平桥 NH₃-N 变化

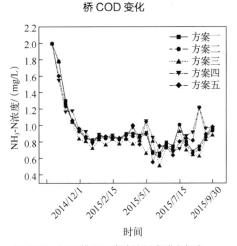

图 8.28 取缔排污口支流达Ⅴ类泄水长青桥 NH₃-N 变化

由图 8.25～图 8.28 可知，取缔排污口支流控污达 V 类水的每种方案均对浑河沈抚段的水质有所改变。3 月份的水质出现反弹，主要是因为进入冬季，河流表层结冰，河水更替速度减慢，污染物不断积累，在三月份达到高峰，因此虽增加泄水但对三月份的水质改善程度也不及其余月份。观察长青桥及和平桥的处理效果可知方案三（每次间隔 4 天下泄流量，10 月～次年 9 月份每月间隔 4 天泄水量依次为 79.67m³/s、58.01m³/s、47.94m³/s、29.27m³/s、22.16m³/s、75.94m³/s、106.60m³/s、141.30m³/s、125.20m³/s、174.90m³/s、72.21m³/s、39.35m³/s）的处理效果最佳。

8.3.3.4　取缔排污口支流控污达标Ⅳ类水情况

在取缔干流排污口，并控制支流入河水质达到Ⅳ类的条件下，河道水质自净能力较强，泄水总量为干流排污口取缔和支流河控污达标情况下的生态需水总量减掉 $1.46 \times 10^8 m^3$ 的剩余水量。在泄水总量不变的情况下，通过模拟不同泄水方案下河道水流状态，分析河道水质达标情况，获得河道水质达标的最优泄水方案。干流排污口取缔和支流河水质达Ⅳ类生态需水量泄水方案 COD、NH_3-N 浓度变化见图 8.29～图 8.32 所示。

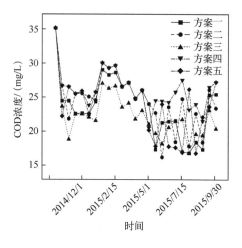

图 8.29　取缔排污口支流达Ⅳ类泄水和平
桥 COD 变化

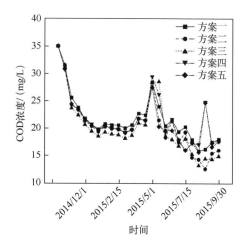

图 8.30　取缔排污口支流达Ⅳ类泄水长青
桥 COD 变化

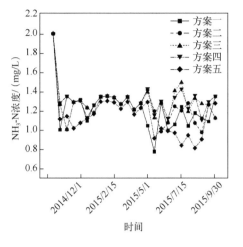
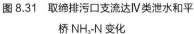

图 8.31　取缔排污口支流达Ⅳ类泄水和平
桥 NH₃-N 变化

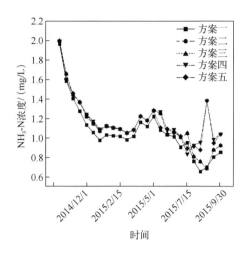

图 8.32　取缔排污口支流达Ⅳ类泄水长青
桥 NH₃-N 变化

　　由图 8.29～图 8.32 可知，在支流达到Ⅳ类水时，五种泄水方案对于浑河沈抚段的水质改善均可达到理想状态，即浑河沈抚段水质达到Ⅳ类水，几种泄水方案所得结果差别不大，可见排污口及支流污染是影响水质差的主要原因，因此要增加对排污口及支流的管控力度，及时控污截流，改善支流和排污口的水质对于浑河沈抚段水质的提高尤为重要。

参考文献

[1] Whitehead P G, Williams R J, Lewis D R. Quality simulation along river systems (QUASAR): model theory and development[J]. Science of the Total Environment, 1997(none): 447-456.

[2] Yao X, Wang Z, Liu W, Zhang Y, Wang T, Li Y. Pollution in river tributaries restricts the water quality of ecological water replenishment in the Baiyangdian watershed, China[J]. Environ Sci Pollut Res Int, 2023, 30(18): 51556-51570.

[3] 贾磊, 郭鑫宇. 考虑生态流量分级约束的跨流域引水与供水优化调度研究[J]. 长江科学院院报, 2018, 35(4): 24-30.

[4] 赖格英, 张志勇, 王鹏, 等. 拟建鄱阳湖水利枢纽工程对长江干流流量影响的模拟[J]. 湖泊科学, 2017, 29(3): 521-533.

[5] 何景. 全面提高水资源利用率遏制生态环境持续恶化——以甘肃省酒泉市高效利用水资源为例[J]. 吉林农业, 2017(1): 76.

[6] Burt O R. A optimal resource use over time with an application to ground water[J]. Management Science, 1964, 11(1): 80-93.

[7] 张峥, 周丹卉, 谢轶. 辽河化学需氧量变化特征及影响因素研究[J]. 环境科学与管理, 2011, 36(03): 36-39.

[8] Gong W, Jian S, Reay W G. The hydrodynamic response of the York River estuary to Tropical Cyclone Isabel, 2003[J]. Estuarine Coastal and Shelf Science, 2007, 73(3):695-710.

[9] 史建国. 浑河流域水环境综合治理模式研究[J]. 现代农业科技, 2011, 10: 279-281.

[10] 温树影. 大伙房水库水体富营养化现状分析及对策研究[J]. 水土保持应用技术, 2015(1): 31-32.

[11] 安立强. 辽河流域水力与水质数值分析[D]. 哈尔滨: 哈尔滨工业大学, 2009.

[12] Pingry D E, Shaftel T L, Boles K E. Role for decision-support systems in water-delivery design[J]. Journal of Water Resources Planning and Management, 1990, 116(6): 629-644.

[13] Zhai X, Xia J, Zhang Y. Integrated approach of hydrological and water quality dynamic simulation for anthropogenic disturbance assessment in the Huai River Basin[J]. China Sci Total Environ, 2017, 598: 749-764.

[14] Hirsch R M, Slack J R, Smith R A. Techniques of trend analysis for monthly water quality data[J]. Water Resources Research, 1982, 18: 107-121.

[15] Parasiewicz P M. HABSIM: a concept for application of instream flow models in river restoration planning[J]. Fisheries, 2001, 26: 6-13.

[16] Rogers K. Integrating indicators, endpoints and value systems in strategic management of the river of the Kruger National Park [J]. Freshwater Biology, 1999, 41(2): 254-263.

[17] Vugteveen P, Leuven R S, Huijbregts M A, et al. Redefinition and elaboration of river ecosystem health: perspective for river management [J]. Hydrobiologia, 2006, 565(1): 289-308.

[18] Costanza R. Ecosystem health and ecological engineering [J]. Ecological Engineering, 2012, 45(SI): 24-29.

[19] Wright J F, Sutcliffe D W, Furse M T. Assessing the biological quality of fresh waters: RIVPACS and other techniques [M]. Ambleside: the Freshwater Biological Association, 2000: 1-24.

[20] Hart B T, Davies P E, Humphrey C L, et al. Application of the Australian river bioassessment system (AUSRIVAS) in the Brantas River, East Java, Indonesia [J]. Journal of Environmental Management, 2001(62): 93-100.

[21] 郑保强, 窦明, 黄李冰, 等. 水闸调度对河流水质变化的影响分析[J]. 环境科学与技术, 2012, 35(2): 14-18.

[22] 丁立国. 王家湾橡胶坝工程优化调度[J]. 东北水利水电, 2010, 28(06): 13-14, 71.

[23] 冯启申, 朱琰, 李彦伟. 地表水水质模型概述[J]. 安全与环境工程, 2010, 17(02): 1-4.

[24] 张明亮. 河流水动力及水质模型研究[D]. 大连: 大连理工大学, 2007.

[25] Burn D H, Yulianti J S. Waste-load allocation using genetic algorithms[J]. Journal of Water Resources Planning and Management, 2001, 127(2): 121-129.

[26] Lohani B N, Thanh N C. Probabilistic water quality control polices[J]. Journal of Environmental Engineering Division, 1979, 105(10): 723-725.

[27] Fujiwara O, Gnanendran S K, Ohgaki S. River quality management under stochastic stream flow[J]. Journal of Environmental Engineering, 1986, 112(2): 185-198.

[28] Cardwell H, Ellis H. Stochastic dynamic programming models for water quality management[J]. Water Resources Research, 1993, 29(4): 803-813.

[29] Kerachian R, Karamonz M. Waste-load allocation model for seasonal river water quality management: Application of sequential dynamic genetic algorithms[J]. Scientia Iranica, 2005, 12(2): 117-130.

[30] Borsuk M E, Stow C A, Reckhow K H. Predicting the frequency of water quality standard violations: A probabilistic approach for TMDL development[J]. Environmental Science&Technology, 2002, 36(10): 2109-2115.

[31] 蔚秀春. 河流中污染物综合降解系数的影响因素浅析[J]. 内蒙古水利, 2007(02): 116-117.

[32] 刘子辉. 闸坝对重污染河流水质水量影响的实验与模拟研究[D]. 郑州: 郑州大学, 2011.

[33] 马遵莉. 橡胶坝在河流水体自净中的应用研究[D]. 济南: 山东大学, 2011.

[34] 郑保强. 水闸调度对河流扒质作用机制及可调性研究[D]. 郑州: 郑州大学, 2012.

[35] Karr J R. Defining and measuring river health [J]. Freshwater Biology, 1999, 41: 221-234.

[36] Karr J R, Chu E W. Sustaining living rivers [J]. Hydrobiologia, 2000, 422/423: 1-14.

[37] Norris H, Hawkins C P. Monitoring river health [J]. Hydrobiologia, 2000, 435: 5-17.

[38] Petersen R C. The RCE: A riparian, channel and environmental inventory for small streams in the agriculture landscape [J]. Freshwater Biology, 1992, 27: 295-306.

[39] Ladson A R, White L J, Doolan J A, et al. Development and testing of an Index of Stream Condition for waterway management in Australia [J]. Freshwater Biology, 1999, 41(2): 453-468.

[40] Fryirs K. Guilding principles for assessing geomorphic river condition: application of a framework in the Bega catchment, South Coast, New South Wales, Australia [J]. Catena, 2003, 53: 17-52.

[41] Tiner R W. Remotely-Sensed indicators for monitoring the general condition of 'natural habitat' in watersheds: an application for delaware's Nanticoke River Watershed [J]. Ecological Indicators, 2004, 4(4): 227-243.

[42] Loftis B, Labadie J W, Fontane D G. Optimal operation of a system of lakes for quality and quantity[J]. Computer Applications in Water Resources, 1989, 17(4): 693-702.

[43] Fleming R A, Adams R M. Regulating ground water pollution: effects of geophysical response assumptions on economic efficiency[J]. Water Resources Research, 1995, 31(4): 712-721.

[44] Rolando G V, Luis A G. A methodology for water quantity and quality assessment for wetland development[J]. Wat Sic Tech, 1995, 31(8): 29-30.

[45] Seung-Won Snh, Jung-Hoon Kim, In-Tae Hwang, Hye-Keun Lee. Water quality simulation on an artificial estuarine lake Shiwhaho[J]. Journal of Marine Systems, 2004, 45: 143-158.

[46] Voelz N J, Ward J V. Biotic and abiotic gradients in a regulated high elevation Rocky Mountain river[J]. Regulated Rivers, 1989 (3): 112-115.

[47] Fairweather P G. State of environment indicators of 'river health': exploring the metaphor[J]. Freshwater Biology, 2010, 41(2): 211-220.

[48] 柳青. 肖太后河水环境治理的生态水工学应用[D]. 北京: 清华大学, 2015.

[49] 王雅钰, 刘成刚, 吴玮. 从河道自净角度谈影响河道水质净化的因素[J]. 环境科学与管理, 2013, 38(03): 35-40.

[50] 吴二雷. 丁坝对河流污染物迁移扩散的影响数值模拟[D]. 西安: 西安建筑科技大学, 2011.

[51] 张振, 徐立中, 王慧斌. 河流水面成像测速中的水流示踪物综述[J]. 水利水电科技进展, 2014, 34(03): 81-88.

[52] Tharme R E. A global perspective on environmental flow assessment: emerging trends in the development and application of environmental flow methodologies for rivers[J]. River Research and Applications, 2003(19): 397-441.

[53] King J M, Tharme R E, Villiers M S. Environment flow assessments for rivers: manual for the building

blockmethodology (Updated Edition) [R]. Water Research Commission Report No TT354/08, Pretoria, South Africa, 008.

[54] Harman C, Stewardson M. Optimizing dam release rules to meet environmental flow targets[J]. River Research and Applications, 2005(21): 113-129.

[55] Wang H, Liu C, Rong L, et al. Optimal river monitoring network using optimal partition analysis: a case study of Hun River[J]. Northeast China Environ Technol, 2019, 40(11): 1359-1365.

[56] Shiau J T, Wu F C. Assessment of hydrologic alternations caused by Chi-Chi diversion weir in Chou-Shui Creek, Taiwan: Opportunities for restoring natural flow conditions [J]. River Research and Applications, 2004, 20: 401-412.

[57] David L, Galat R L. Restoring ecological integrity of great rivers: Historical hydrographs aid in defining reference conditions for the Missouri River[J]. Hydrobiologia, 2000, 20: 29-48.

[58] Richter B D, Warner A T, Meyer J L, et al. A collaborative and adaptive process for developing environmental flow recommendations[J]. River Research and Applications, 2006, 22: 297-318.

[59] Richter B D, Baumgartner J V, Braun D P, et al. A spatial assessment of hydrologic alteration within ecosystem [J]. Conservation Biology, 1998, 14: 329-340.

[60] 方子云, 潭培论. 为改善生态环境进行水库调度的初步研究[J]. 人民黄河, 1984(6): 65-67.

[61] 傅春, 冯尚友. 水资源持续利用(生态水利)原理的探讨[J]. 水科学进展, 2000, 11(4): 436-440.

[62] 李翀, 廖文根, 彭静, 等. 宜昌站 1900~2004 年生态水文特征变化[J]. 长江流域资源与环境, 2007, 16(1): 76-80.

[63] 张洪波, 王义民, 蒋晓辉, 辛琛. 基于生态流量恢复的黄河干流水库生态调度研究[J]. 水力发电学报, 2011, 03: 15-21+33.

[64] 张洪波, 辛琛, 王义民, 等. 宝鸡峡引水对渭河水文规律及生态系统的影响[J]. 西北农林科技大学学报(自然科学版), 2010, 38(4): 226-234.

[65] 李兴拼, 黄国如, 江涛. RVA 法评估枫树坝水库对径流的影响[J]. 水电能源科学, 2009, 27(3): 18-21.

[66] 舒畅, 刘苏峡, 莫兴国, 等. 基于变异性范围法(RVA)的河流生态流量估算[J]. 生态环境学报, 2010, 19: 1151-1155.

[67] Richter B D, Thomas G A. Restoring environmental flows by modifying dam operations[J]. Ecology and Soceity, 2007, 12(1): 12.

[68] Richter B D, Mathews R, Harrison D L, et al. Ecologically sustainable water management: managing river flows for ecological integrity[J]. Ecological Applications, 2003, 13(1): 206-224.

[69] Ruth Mathews, Gippel C J. Incorporating flow variability into environmental flow regimes using the flow events method[J]. River Resources and Applications, 2003, 19: 459-472.

[70] 刘晓燕, 连煜, 黄锦辉, 等. 黄河环境流研究[J]. 科技导报, 2008, 26(17): 24-30.

[71] 陈进, 等. 中国环境流研究与实践[M]. 北京: 中国水利水电出版社, 2011: 3-9, 39-58.

[72] 顾然. 基于 RVA 框架的水库生态调度研究及决策支持系统开发[D]. 武汉: 华中科技大学, 2011.

[73] 唐玉兰, 王雅峰, 马甜甜, 等. 观音阁水库建设运行对太子河本溪段水文情势影响[J]. 水文, 2020, 40(02): 92-96, 79.

[74] 唐玉兰, 孙健, 项莹雪, 等. 闸坝对浑河上游水文情势和生态的影响[J]. 安全与环境学报, 2018, 18(05): 2020-2027.

[75] 马晓超. 基于生态水文特征的渭河中下游生态环境需水研究[D]. 咸阳: 西北农林科技大学, 2013.

[76] 李浩楠. 基于多系统融合框架下浑河沈抚段河流信息模型 RIM 的研究[D]. 沈阳: 沈阳建筑大学, 2019.

[77] 王西琴, 刘斌, 张远. 环境流量界定与管理[M]. 北京: 中国水利水电出版社, 2010.

[78] 李诒路. 鄱阳湖水位变化对水质的影响研究[D]. 南昌: 南昌大学, 2015.

[79] 黄欣祺. 基于 NAM 模型水文参数分析研究进展[J]. 河北水利, 2018, 285(11): 36-37.

[80] 徐建新, 张伟杰, 赵尚飞, 等. 贵州省径流变化特征分析[J]. 华北水利水电大学学报(自然科学版), 2017, 38(1): 30-35.

[81] 赵海霞，蒋晓威，刘燕. 基于水生态健康维护的空间开发管制分区研究——以巢湖环湖地区为例[J]. 生态学报, 2018, 38(3): 110-113.

[82] 张志广，金弈，李克锋，等. 基于 RVA 法的河流生态基流过程研究[J]. 水利水电技术, 2017, 48(9): 155-160.

[83] Azevedo L, Gates T, Fontane D, et al. Integration of water quantity and quality in strategic river basin planning[J]. Journal of Water Resources Planning and Management, 2000, 126(2): 85-97.

[84] Bovee K D, Lamb B L, Bartholow J M, et al. Streamhabitat analysis using the instream flow incremental methodology[R]. U. S. Geological Survey. Biological Re-sources Division Information and Technology Report. USGS / BRD1998.

[85] Bertone E, Rousso B Z, Kufeji D. A probabilistic decision support tool for prediction and management of rainfall-related poor water quality events for a drinking water treatment plant[J]. J Environ Manage, 2023, 332: 117209.

[86] 胡娜，林凯荣，何艳虎，等. 东江上游龙川站水文情势变化分析[J]. 水电能源科学, 2014, 32(5): 10-13.

[87] 范肖予. 基于汾河干流基本生态需水的汾河水库生态补水研究[D]. 太原：太原理工大学, 2017.

[88] 王西琴. 河流生态需水理论、方法与应用[M]. 北京：中国水利水电出版社, 2007.

[89] 张远. 黄河流域坡高地与河道生态环境需水规律研究[D]. 北京：北京师范大学, 2003.

[90] 任杰宇. 水文变异条件下河道内生态需水研究[D]. 武汉：武汉大学, 2018.

[91] 吴佳曦. 吉林省东辽河流域生态环境需水量的研究[D]. 长春：吉林大学, 2013.

[92] 王雅峰，于跃，马甜甜. 基于水质水量耦合模型的浑河沈抚段水质分析[J]. 建筑与预算, 2020(03): 63-67.

[93] 张远，杨志峰，王西琴. 河道生态环境分区需水量的计算方法与实例分析[J]. 环境科学学报, 2005(04): 429-435.

[94] 邵鹏，刘旻霞，赵瑞东，等. 黄河甘肃段流域生态环境需水量探究[J]. 安徽农业科学, 2018(4): 53-56.

[95] 冉红达，程伍群，张福洋. 城市水系生态环境需水量分析与计算[J]. 水电能源科学, 2017(8): 35-39.

[96] 张琬抒，周林飞，成遣. 辽河河口湿地生态环境需水量研究[J]. 灌溉排水学, 2017, 36(11): 101-106.

[97] 艾学山，董祚，莫明珠. 水库多目标调度模型及算法研究[J]. 水力发电学报, 2017, 36(12): 19-27.

[98] 李舜，陆建宇，程增辉，等. 三峡水库生态径流及其生态调度研究[J]. 水力发电, 2018, 44(6): 7-12.

[99] 何俊仕，冯德财. 流量历时曲线转移法在河流生态环境需水量计算中的应用[J]. 沈阳农业大学学报, 2015, 46(3): 341-347.

[100] 马兴冠，李媛媛，冷杰雯，等. 基于生态需水量的闸坝优化调控模型研究——以浑河沈抚段为例[C] //《环境工程》编辑部. 环境工程 2017 增刊 2：下册. 工业建筑杂志社有限公司, 2017: 680-683, 695.

[101] 冯夏青，李建辉. 基于河流健康的浑河中下游河道生态需量计算[J]. 中国农村水利水电, 2017(9): 118-121.

[102] 于鲁冀. 基于改进湿周法的贾鲁河河道内生态需水量计算[J]. 水利水电科技进展, 2016, 36(3): 5-9.

[103] Haggard B E, Storm D E, Stanley E H. Effect of a point source input on stream nutrient retention[J]. Journal of the American Water Resources Association, 2001(5): 37.

[104] Bu H, Meng W, Zhang Y. Spatial and seasonal characteristics of river water chemistry in the Taizi River in Northeast China[J]. Environ Monit Assess, 2014, 186(6): 3619-3632.

[105] Jaworska-Szulc B. Groundwater flow modelling of multi-aquifer systems for regional resources evaluation: the Gdansk hydrogeological system, Poland[J]. Hydrogeology Journal, 2009, 17(6): 1521-1542.

[106] 魏天锋，刘志辉. 基于改进的 Tennant 法的博尔塔拉河生态需水量计算[J]. 干旱区研究, 2016, 33(3): 643-648.

[107] 余玲. 基于生态需水量的水资源承载力研究[D]. 郑州：华北水利水电学院, 2011.

[108] 李媛媛. 河道生态需水量计算方法研究[J]. 建筑与预算, 2017(9): 16-18.

[109] 付嘉. 西北干旱区城市河道外生态环境需水量计算方法探讨——以克拉玛依市为例[J]. 水利发展研究, 2016, 16(9): 55-57.

[110] 龙凡，梅亚东. 基于概率加权 FDC 法的河流生态需水量计算[J]. 水文, 2017, 37(4): 1-5.

[111] 王秀英，白音包力皋，许凤冉. 基于水生态保护目标的河道内生态需水量研究[J]. 水利水电技术, 2015, 47(2): 63-68.

[112] 石永强，左其亭. 基于多种水文学法的襄阳市主要河流生态基流估算[J]. 中国农村水利水电, 2017(2): 50-54.

[113] 徐伟, 董增川, 罗晓丽, 等. 基于改进 7Q10 法的滦河生态流量分析[J]. 河海大学学报(自然科学版), 2016, 44(5): 454-457.

[114] 张欧阳, 熊明. 基于实测流量成果的生态流量计算方法[J]. 人民长江, 2017(s2): 61-64.

[115] 刘丹, 邢琼琼, 郭欣欣, 等. 基于生态水力半径法的贾鲁河生态需水量计算[J]. 水资源与水工程学报, 2018(1): 105-110.

[116] 杨志峰, 崔保山, 刘静玲, 等. 生态环境需水量理论、方法与实践[M]. 北京: 科学出版社, 2003.

[117] 王浩, 宿政, 谢新民, 等. 流域生态调度理论与实践[M]. 北京: 中国水利水电出版社, 2010.

[118] 余文公. 三峡水库生态径流调度措施与方案研究[D]. 南京: 河海大学, 2007.

[119] 陈敏. 长江流域水库生态调度成效与建议[J]. 水利发展, 2018(2): 36-40.

[120] 高志强, 丁伟, 唐榕, 等. 耦合水文情势及鱼类需求的生态调度研究[J]. 南水北调与水利科技, 2018, 16(2): 14-20.

[121] Lee H, Mcintyre N, Wheater H, et al. Selection of conceptual models for regionalisation of the rainfall-runoff relationship[J]. Journal of Hydrology, 2005, 312(1-4): 125-147.

[122] Asadi A, Moghaddam N A, Bakhtiari E B, et al. An integrated approach for prioritization of river water quality sampling points using modified Sanders, analytic network process, and hydrodynamic modeling[J]. Environ Monit Assess, 2021, 193(8): 482.

[123] Kerachian R, Karamouz M. Waste-load allocation model for seasonal river water quality management: application of sequential dynamic genetic algorithms[J]. Scientia Iranica, 2005, 12(2): 117-130.

[124] 王雅峰. 浑河沈抚段水质稳定达标方案[D]. 沈阳: 沈阳建筑大学, 2020.

[125] Peng H Q, Liu Y, Gao X L, et al. Calculation of intercepted runoff depth based on stormwater quality and environmental capacity of receiving waters for initial stormwater pollution management[J]. Environ Sci Pollut Res Int, 2017, 24(31): 24681-24689.

[126] 张淑敏. 基于森林作用的流域降雨径流模型研究[D]. 泰安: 山东农业大学, 2012.

[127] 沈叶青. 上海市奉贤区近些年地表水水质变化趋势分析[J]. 黑龙江水利科技, 2014(04): 14-16.

[128] 武君. 河流水质模拟预测的常用方法研究与新方法探索[D]. 合肥: 合肥工业大学, 2005.

[129] 卜红梅, 刘文治, 张全发. 多元统计方法在金水河水质时空变化分析中的应用[J]. 资源科学, 2009, 31(03): 429-434.

[130] 邱瑀, 卢诚, 徐泽, 王玉秋. 湟水河流域水质时空变化特征及其污染源解析[J]. 环境科学学报, 2017, 37(08): 2829-2837.

[131] 查曼丽. 辽河流域浑河和太子河典型年缺水量分析[J]. 东北水利水电, 2021, 39(03): 26-27, 42.

[132] 王西琴, 刘昌明, 杨志峰. 生态及环境需水量研究进展与前瞻[J]. 水科学进展, 2002(7): 507-514.

[133] Willey R G, Smith D J, Duke J H. Modeling water-resource systems for water quality management[J]. Journal of Water Resources Planning and Management, 1996, 122(3): 171-179.

[134] Yan Z, Zhou Z, Sang X, Wang H. Water replenishment for ecological flow with an improved water resources allocation model[J]. Sci Total Environ, 2018, 643: 1152-1165.

[135] 禹雪迪. 浑河流域沈抚段区域动态生态环境需水研究[D]. 沈阳: 沈阳建筑大学, 2016.

[136] 王珊琳, 丛沛桐, 王瑞兰, 等. 生态环境需水量研究进展与理论探析[J]. 生态学杂志, 2004, 23(6): 111-115.

[137] 张代青, 高军省. 河道内生态环境需水量计算方法的研究现状及其改进探讨[J]. 水资源与水工程学报, 2006, 17(4): 68-73.

[138] 汤奇成. 塔里木盆地水资源与绿洲建设[J]. 自然资源, 1989(6): 28-34.

[139] 李嘉, 王玉蓉, 李克锋, 等. 计算河段最小生态需水的生态水力学法[J]. 水利学报, 2006, 37(10): 1169-1174.

[140] 郭新春, 罗麟, 姜跃良, 等. 计算山区小型河流最小生态需水的水力学法[J]. 水力发电学报, 2009, 28(4): 159-165.

[141] King J M, Tharme R E, Villiers M S. Environment flow assessments for rivers: manual for the building blockmethodology (Updated Edition) [R].Water Research Commission Report No TT354/08, Pretoria, South

Africa,008.

[142] 刘昌明, 门宝辉, 宋进喜. 河道内生态需水量估算的生态水力半径法[J].自然科学进展, 2006, 17(1): 42-48.

[143] 梁鹏腾. 三峡水库生态调度及多目标风险分析研究[D]. 北京: 华北电力大学(北京), 2017.

[144] 王西琴, 刘昌明, 张远. 黄淮海平原河道基本环境需水研究[J].地理研究, 2003, 22(2): 169-176.

[145] 王西琴, 张远, 刘昌明. 河道生态及环境需水理论探讨[J]. 自然资源学报, 2003, 18(2): 240-246.

[146] 牛夏, 王启优. 疏勒河流域生态需水量研究[J]. 人民长江, 2016, 47(22): 21-25.

[147] 赵人俊. 降雨径流流域模型发展现状[J]. 华水科技情报, 1982(3): 27-42.

[148] Hyosang L, Neil M, Howard W, Andy Y. Selection of conceptual models for regionalisation of the rainfall -runoff relationship[J]. Journal of Hydrology, 2005, 312(1): 125-147.

[149] 王振亚. 新安江模型和 NAM 模型在资水流域的比较应用[D]. 南京: 河海大学, 2007.

[150] 余有贵. NAM 模型在珠江流域初步应用实践[J]. 人民珠江, 2005(03): 34-37.

[151] 陈智洋, 白炳锋, 朱永泉, 等.NAM 模型在鳌江流域洪水预报中的应用[J].浙江水利科技, 2015, 43(01): 87-89, 92.

[152] Hormwichian R, Compliew S, Kangrang A. Optimal reservoir rule curves using simulated annealing[J]. Water Management, 2015, 164(1): 27-34.

[153] 长江水利委员会水文局二队. NAM 模型及其应用[J]. 水文, 1999(S1): 66-71.

[154] 赵人俊, 王佩兰. 新安江模型参数的分析[J]. 水文, 1988(6): 4-11.

[155] 李伟, 刘冬梅, 赵博. 基于 MIKE11 的浑太河水动力水质模型研究[J]. 吉林水利, 2016(5): 1-6.

[156] 伍宁. 一维圣维南方程组在非恒定流计算中的应用[J]. 人民长江, 2001(32): 16-18.

[157] Stoker J J. Numerical solution of flood prediction and river regulation problems: Derivation of basic theory and fomulation of numerical methods of attack. Report I[R]. New York University Institute of Mathematical Science, 1953, Report NO. IMM-NYU-200.

[158] Liggett J A, Cunge J A. Numerical methods of solution of solution of the unsteady flow equations// Mathmood K, YevjevichV(eds).Unsteady Flow in Open Channels.Vol I[M]. Fort Collins, Colorado: Water Resources Publications, 1975: Chapter 4c2.

[159] Sladkvich M. Simulation of transport phenomena in shallow aquatic environment[J]. Journal of Hydraulic Eegineering, 126(2): 123-126.

[160] Abioala A A, Nikolaos D K. Model for flood propagation on initially dry land[J]. Journal of Hydraulic Engineering, 1988, 114: 689-706.

[161] 陈晓歌, 雪静. 延河河道内生态环境需水量估算[J]. 陕西水利, 2017(4): 23-24.

[162] 孙甲岚, 雷晓辉, 蒋云钟, 等. 河流生态需水量研究综述[J]. 南水北调与水利科技, 2016, 10(1): 112-115.

[163] 樊皓, 闫峰陵. 基于生态水力学法的金沙电站最小下泄流量计算[J]. 水文, 2016, 36(3): 40-43.

[164] 李紫妍, 刘登峰, 黄强, 等. 基于多种水文学方法的汉江子午河生态流量研究[J]. 华北水利水电大学学报(自然科学版), 2017, 38(1): 8-12.

[165] Wang D, Zhang S, Wang G, et al. Reservoir regulation for ecological protection and remediation: A case study of the Irtysh River basin, China[J]. Int J Environ Res Public Health, 2022, 19(18): 11582.

[166] Lai Q, Ma J, He F, Wei G. Response model for urban area source pollution and water environmental quality in a river network region[J]. Int J Environ Res Public Health, 2022, 19(17): 10546.

[167] 刘存. 基于改进 Tennant 法的洋河流域生态基流估算研究[J]. 水利科技与经济, 2017, 23(5): 8-12.

[168] 宋进喜, 曹明明, 李怀恩, 等. 渭河(陕西段)河道自净需水量研究[J]. 地理科学, 2005, 25(3): 310-316.

[169] 吕宝阔, 温树影. 蒲河水体对各污染物自净能力分析[J]. 东北水利水电, 2017, 35(4): 10-11.

[170] 武金慧, 李占斌. 水面蒸发研究进展与展望[J]. 水利与建筑工程学报, 2007, 5(8): 46-50.

[171] 李咏红, 刘旭, 李盼盼, 等. 基于不同保护目标的河道内生态需水量分析——以琉璃河湿地为例[J]. 生态学报, 2018, 38(12): 43-46.

[172] 林秉南. 明渠不恒定流的解法和验证[J]. 水力学报, 1956(01): 3-16.

[173] 中山大学数力系计算数学专业珠江小组,李岳生,杨世孝,肖子良. 网河不恒定流隐式方程组的稀疏矩阵解法[J]. 中山大学学报(自然科学版), 1977(03): 28-38.

[174] 张二骏, 张东生, 李挺. 河网非恒定流的三级联合解法[J].华东水利学院学报, 1982(01): 1-13.

[175] 何秉宇. 干旱地区河流动态水质模型研究[J]. 水科学进展, 1997(01): 41-46.

[176] 李莹, 邹经湘, 张宇羽, 等. 自适应神经网络在水质预测建模中的应用[J]. 系统工程, 2001(01): 89-93.

[177] 王艳, 彭虹, 张万顺, 等. 潜水水体生态修复的数值模拟[J]. 人民长江, 2007(01): 98-100.

[178] Singh J, Knapp H V, Arnold J G, Demissie M. Hydrological modeling of the iroquois river watershed using HSPF and SWAT[J]. Journal of the American Water Resources Association, 2005, 41(2): 343-360.

[179] Srinivasan R, Arnold J G, Jones C A. Hydrologic modelling of the United States with the soil and water assessment tool[J]. International Journal of Water Resources Development, 1998, 14(3): 315-325.

[180] Glapiński J, Mroczka J, Polak A G. Analysis of the method for ventilation heterogeneity assessment using the Otis model and forced oscillations[J]. Computer Methods and Programs in Biomedicine, 2015, 122(3): 330-340.

[181] He C. Integration of geographic information systems and simulation model for watershed management[J]. Environmental Modelling & Software, 2003, 18(8): 809-813.

[182] Torres E, Galván L, Cánovas C R, et al. Oxycline formation induced by Fe (II) oxidation in a water reservoir affected by acid mine drainage modeled using a 2D hydrodynamic and water quality model—CE-QUAL-W2[J]. Science of the Total Environment, 2016, 562: 1-12.

[183] Arifin R R, James S C, Hamlet A F, Sharma A. Simulating the thermal behavior in Lake Ontario using EFDC[J]. Journal of Great Lakes Research, 2016, 42(3): 511-523.

[184] Weng Q. Modeling uthan growth effects on surface runoff with the integration of renlote sensing and GIS[J]. Environmental Management, 2001, 28(6): 737-748.

[185] 金忠青, 韩龙喜. 一种新的平原河网水质模型——组合单元水质模型[J]. 水科学进展, 1998, 9(01): 35-40.

[186] 徐小明. 大型河网水力水质数值模拟方法[D]. 南京: 河海大学, 2001.

[187] 徐小明, 何建京, 汪德. 求解大型河网非恒定流的非线性方法[J]. 水动力学研究与进展(A 辑), 2001(01): 18-24.

[188] 彭虹, 郭生练. 汉江下游河段水质生态模型及数值模拟[J]. 长江流域资源与环境, 2002, 11(4): 363-369.

[189] 彭虹, 张万顺, 夏军, 等. 河流综合水质生态数值模拟[J]. 武汉大学学报(工学版), 2002, 35(4): 56-59.

[190] 徐祖信, 卢士强. 平原感潮河网水质模型研究[J]. 水动力学研究与进展, 2003, 18(2): 182-188.

[191] 范兴业, 洪光雨, 张翠红, 等. 基于 MIKE11 模型的连云港市东部城区调水水质模拟[J]. 治淮, 2015 (01): 14-15.

[192] Wool T A, Ambrose R B, Martin J L, Comer E A. Water Quality Analysis Simulation Program (WASP) Version 6. 0, DRAFF: User's Manual[M]. Georgia: US Environmental Protection Agency-Region 4, 2006.

[193] Cox B A. A review of currently available in-stream water-quality models and their applicability for simulating dissolved oxygen in lowland rivers[J]. Science of the Total Environment, 2003, 314: 335-377.

[194] Dishaw M T, Strong D M. Supporting software maintenance with software engineering tools: A computed task-technology fit analysis[J]. Journal of Systems and Software, 1998, 44(2): 107-120.

[195] Ding D, Liu P L F. An operator-splitting algorithm for two-dimensional convection-dispersion-reaction problems[J]. International Journal for Numerical Methods in Engineering, 1989, 28(5): 1023-1040.

[196] Zuo Qiting, Chen Hao, Ming Dou, et al. Experimental analysis of the impact of sluice regulation on water quality in the highly polluted Huai River Basin, China [J]. Environmental monitoring and assessment, 2015, 187(7): 1-15.

[197] Karr J K. Bioligical integrity: a long neglected aspect of water resource management [J]. Ecological Applications, 1991, 1(1): 66-84.

[198] Schofield N J, Davies P E. Measuring the health of our rivers [J]. Water, 1995, 5/6: 39-43.

[199] Meyer J L. Stream health: Incorporating the human dimension to advance stream ecology[J]. Journal of the North American Benthological Society, 1997, 16: 439-447.

[200] 吴迪军, 陈建国, 黄全义, 文仁强. 水污染扩散的二维数值模拟及其可视化[J]. 武汉大学学报(工学版), 2009, 42(03): 296-300.

[201] 左其亭, 高洋洋, 刘子辉. 闸坝对重污染河流水质水量作用规律的分析与讨论[J]. 资源科学, 2010, 32(2): 261-266.

[202] 陈豪, 左其亭, 窦明, 等. 闸坝调度对污染河流水环境影响综合实验研究[J]. 环境科学学报, 2014, 34(3): 763-771.

[203] 左其亭, 刘静, 窦明. 闸坝调控对河流水生态环境影响特征分析[J]. 水科学进展, 2016, 27(03): 439-447.

[204] 陈豪. 闸控河流水生态健康关键影响因子识别与和谐调控研究[D]. 郑州: 郑州大学, 2016.

[205] 鲍林林, 李叙勇, 苏静君. 筑坝河流磷素的迁移转化及其富营养化特征[J]. 生态学报, 2017, 37(14): 4663-4670.

[206] 武周虎, 任杰, 黄真理, 武文. 河流污染混合区特性计算方法及排污口分类准则 I: 原理与方法[J]. 水利学报, 2014, 45(08): 921-929.

[207] 武周虎. 河流离岸排放污染物二维浓度分布特性分析[J]. 水科学进展, 2015, 26(06): 846-856.

[208] Se Woong Chung, Ick Hwam Ko, Yu Kyung Kim. Effect of reservoir flushing on downstream river water quality[J]. Journal of Environmental Management, 2008, 86: 139-147.

[209] 徐贵泉, 宋德蕃, 黄士力, 等. 感潮河网水量水质模型及其数值模拟[J].应用基础与工程科学学报, 1996(1): 94-105.

[210] 张文鸽. 区域水质-水量联合优化配置研究[D]. 郑州: 郑州大学, 2003.

[211] 牛存稳, 贾仰文, 王浩, 等. 黄河流域水量水质综合模拟与评价[J]. 人民黄河, 2007, 29(11): 58-60.

[212] 刘玉年, 施勇, 程绪水, 等. 淮河中游水量水质联合调度模型研究[J]. 水科学进展, 2009, 20(02): 177-183.

[213] 游进军, 薛小妮, 牛存稳. 水量水质联合调控思路与研究进展[J]. 水利水电技术, 2010(41): 7-9.

[214] 张永勇, 王中根, 于磊, 等. SWAT 水质模块的扩展及其在海河流域典型区的应用[J]. 资源科学, 2009, 31(01): 94-100.

[215] 何刘鹏. 基于 Source 模型的祖厉河流域水质水量一体化调控研究[D]. 郑州: 郑州大学, 2014.

[216] 马常仁. 沙颍河水质水量联合调控技术研究[D]. 合肥: 合肥工业大学, 2012.

[217] Chun-Fang H, Quan-Guo C, Ye L I, et al. An ecological compensation standard based on water environmental capacity of Kouhe River, Liaoning Province, China[J]. Chinese Journal of Applied Ecology, 2015, 26(8): 2466-2472.

[218] Ferreira D M, Fernandes C V S. Integrated water quality modeling in a river-reservoir system to support watershed management. J Environ Manage, 2022, 324: 116447.

[219] 李占松, 师冰雪. 一个简洁的圣维南方程组推导过程[J]. 高教学刊, 2016, 18: 97-98.

[220] Diaz R J, Rosenberg R. Spreading dead zones and consequences for marine ecosystems[J]. Science, 2008, 321(5891): 926-929.

[221] O'Connor D J. The temporal and spatial distribution of dissolved oxygen in streams[J]. Water Resources Research, 1967, 3(1): 65-79.

[222] Kanda E K, Kosgei J R, Kipkorir E C. Simulation of organic carbon loading using MIKE 11 model: a case of River Nzoia Kenya[J]. Water Practice and Technology, 2015, 10(2): 298-304.

[223] Kourgialas N N, Karatzas G P. A hydro-economic modelling framework for flood damage estimation and the role of riparian vegetation[J]. Hydrological Processes, 2013, 27(4): 515-531.

[224] Chen L.S. Assessing the water quality of Sibu Laut River and application of the wasp model in estimating carrying capacity[D]. Malaysia: Universiti Malaysia Sarawak, 2015.

[225] 马强, 陈福容, 王颖. 基于 MIKE 11 Ecolab 模型的梁滩河流域水污染问题探讨[J]. 水电能源科学, 2011, 29(11): 33-36, 72.

[226] 刘杨, 张瑞海, 韩岭, 刘娟. 基于 MIKE FLOOD 模型的西北城市河道橡胶坝群洪水风险分析研究[J]. 水利与建筑工程学报, 2016, 14(06): 113-119.

[227] 马甜甜. 基于 MIKE11 浑河沈抚段生态需水水质水量调控方案研究[D]. 沈阳: 沈阳建筑大学, 2019.

[228] 秦民. 兼顾生态保护的水库调度方法研究[D]. 北京: 华北电力大学, 2015.

[229] 陈东. 浑河沈抚段水质水量调控及最优调度模式的研究[D]. 沈阳: 沈阳建筑大学, 2018.

[230] 唐玉兰, 马甜甜, 项莹雪, 等. 基于 MIKE11 的浑河沈抚段非汛期闸坝分区生态补水量研究[J]. 安全与环境学报, 2018, 18(4): 5.

[231] 唐玉兰, 郭小刚, 王雅峰. 基于 MIKE11 的降雨径流对浑河沈抚段水质影响的研究[C]// 中国环境科学学会 2020 科学技术年会论文集. 中国环境科学学会, 2020.

[232] 李业辉, 骆志伟. 基于 MIKE11 的沈阳市南北运河水质水量调控模拟[J]. 建筑与预算, 2020(05): 62-67.

[233] 王领元. 丹麦 MIKE11 水动力模块在河网模拟计算中的应用研究[J]. 中国水运(学术版), 2007(02): 106-107.

[234] 李志勇, 付子刚, 李明. 基于一维河网非恒定流模型的河道洪水位计算研究[J]. 陕西水利, 2018(01): 17-19.

[235] 董丽华. 河流水质发展模型研究[D]. 天津: 天津大学, 2010.

[236] 张硕. 基于 MIKE 软件建立辽河流域水质模型的研究[D]. 沈阳: 东北大学, 2013.

[237] 张斯思. 基于 MIKE11 水质模型的水环境容量计算研究[D]. 合肥: 合肥工业大学, 2017.

[238] 朱茂森. 基于 MIKE11 的辽河流域一维水质模型[J]. 水资源保护, 2013, 29(3): 6-9.

[239] 刘江, 陈国鼎, 曾继军, 李国栋. 基于 MIKE 对流扩散和生态耦合模型的鸭子荡水库水质模拟研究[J]. 水利与建筑工程学报, 2018, 16(01): 118-122.

[240] 李娜, 叶闵. 基于 MIKE21 的三峡库区涪陵段排污口 COD 扩散特征模拟及对下游水质的影响[J]. 华北水利水电学院学报, 2011, 32(01): 128-131.

[241] Zhang X, Luo J, Zhang X, Xie J. Dynamic simulation of river water environmental capacity based on the subsection summation model[J]. Water Environ Res, 2020, 92(2): 278-290.

[242] Zhang Y, Lu Y, Zhou Q, Wu F. Optimal water allocation scheme based on trade-offs between economic and ecological water demands in the Heihe River Basin of Northwest China[J]. Sci Total Environ, 2020, 703: 134958.

[243] 张守平, 辛小康. MIKE21 模型在企业污水处理厂入河排污口布设中的应用[J]. 水电能源科学, 2013, 31(09): 101-104, 57.

[244] 郑保强, 窦明, 左其亭, 黄李冰. 闸坝调度对水质改善的可调性研究[J]. 水利水电技术, 2011, 42(07): 28-31.

[245] 窦飞. 闸坝前后底泥沉淀与再悬浮影响机制及分析方法研究[J]. 中国农村水利水电, 2013(05): 126-128.

[246] 刘志刚. 橡胶坝对河流水质及大型底栖动物的影响——以辽河流域为例[D]. 唐山: 河北联合大学, 2012.

[247] 张硕. 基于 MIKE 软件建立辽巧流域水质模型的研究[D]. 沈阳: 东北大学, 2013.

[248] 张大茹. 基于 MIKE21 FM 的山区小流域涉水工程防洪影响研究[D]. 北京: 中国水利水电科学研究院, 2015.

[249] 李冰冻, 李嘉, 李克锋. 丁坝水流的水槽试验及数值模拟研究[J]. 水动力学研究与进展 A 辑, 2013, 28(02): 176-183.

[250] 伍成成. MIKE11 在盘锦双台子河口感潮段的应用研究[D]. 青岛: 中国海洋大学, 2011.

[251] 周旭, 黄莉, 王苏胜. MIKE11 模型在南通平原河网模拟中的应用[J]. 江苏水利, 2016(01): 52-55, 60.

[252] Avogadro E, Minciardi R, Paolucci M. A decisional procedure for water resource planning taking into account water quality condtrains[J]. European Journal of Operational Research, 1997, 102: 320-334.